全球农业气象监测预报
基础与技术方法

钱永兰　曹　云　赵俊芳　李祎君　郑昌玲　著

气象出版社
China Meteorological Press

内容简介

　　本书系统阐述了全球农业生产概况、农业气候资源、农业气候生产潜力、农业气象灾害及其风险、农业气象监测评价、农作物生长监测评估、农作物产量预报等全球农业气象监测预报的基础知识、关键技术与基本方法,可为气象、农业、商贸、科研、教育等相关行业从业人员提供参考。

图书在版编目(CIP)数据

　　全球农业气象监测预报基础与技术方法/钱永兰等
著. — 北京 : 气象出版社,2020.8
　　ISBN 978-7-5029-7252-3

　　Ⅰ.①全…　Ⅱ.①钱…　Ⅲ.①农业气象-监测-农业
气象预报-研究-世界　Ⅳ.①S165

　　中国版本图书馆 CIP 数据核字(2020)第 155753 号

全球农业气象监测预报基础与技术方法
Quanqiu Nongye Qixiang Jiance Yubao Jichu yu Jishu Fangfa

出版发行:气象出版社			
地　　址:北京市海淀区中关村南大街 46 号		**邮政编码**:100081	
电　　话:010-68407112(总编室)　010-68408042(发行部)			
网　　址:http://www.qxcbs.com		**E-mail**:qxcbs@cma.gov.cn	
责任编辑:黄红丽		**终　　审**:吴晓鹏	
责任校对:张硕杰		**责任技编**:赵相宁	
封面设计:博雅思企划			
印　　刷:北京建宏印刷有限公司			
开　　本:710 mm×1000 mm　1/16		**印　　张**:10.5	
字　　数:212 千字			
版　　次:2020 年 8 月第 1 版		**印　　次**:2020 年 8 月第 1 次印刷	
定　　价:70.00 元			

　　本书如存在文字不清、漏印以及缺页、倒页、脱页等,请与本社发行部联系调换

序　一

在气候变化背景下，全球极端天气气候事件出现频率和演变规律均有很大变化，导致农业气象灾害频发，对全球粮食生产和区域粮食安全提出了严峻的挑战，防灾减灾是未来全球长期面临的一个重要课题。

2017年中国成为世界气象中心之一，和其他8个世界气象中心一起共同担负起全球气象预报服务的使命和职责，中国气象局也提出"全球监测、全球预报、全球服务"的理念和目标，着眼全球业务能力建设。农业是全球气象监测预报的重要领域之一。中央气象台从2006年就开始系统化这方面的工作，经过十多年的不断创新发展，至今已建立起稳定的全球农业气象业务，并在国家各级部门取得了较好的服务效益。

钱永兰同志牵头撰写的《全球农业气象监测预报基础与技术方法》是多年科研业务一线研究成果的提炼和整理，主要面向当前全球农业气象监测预报业务与服务，既照顾到业务服务需求，做到了内容具体翔实，又兼顾了技术的先进性和业务的可行性，为发展中的全球农业气象监测预报一线业务贡献了重要的参考信息。

本书从全球农业生产概况入手，对全球农业气候资源、全球农业气候生产潜力、全球农业气象灾害风险等做了宏观分析，在此基础上，介绍了全球农业气象监测预报的基础数据和基础方法，系统全面地阐明了全球农业气象监测预报的基础知识和技术方法，对于全球气象业务能力建设具有一定的促进作用。

气候变化背景下，天气气候状况及其演变规律更为复杂，全球监测预报更具挑战性，全球农业气象监测预报也将面临更多难题，希望他们继续努力，针对新的课题进一步深入研究，取得更多有实效的应用成果，为全球气象业务的发展、全球防灾减灾贡献力量。

（中国工程院院士 李泽椿）

2020 年 7 月

序 二

关注全球发展,再没有比农业发展更重要的问题了,农业生产涉及全球发展的所有领域。气象条件对农业生产极为重要,全球极端天气、气象灾害及其对农业生产的影响,往往受到全球各界广泛关注。全球农业生产实时动态信息和未来粮食产量形势对国家及时准确把握世界粮食生产动态、科学宏观决策和保障国家粮食安全具有重要意义。

中国气象局不仅能够实时接收全球交换气象观测数据,而且能实时接收与处理风云气象卫星全球遥感监测数据,并有一支从事研究与业务运行的农业气象团队,建立起全国先进并稳定运行的全球农业监测预报业务。中国是世界上有限的能进行全球农业气象与农业监测的国家之一,已经具备全球实时监测和动态预报业务能力。

本书是作者在该领域多年技术研发和业务建设的成果总结。这是一本系统论述全球农业监测预报知识和技术的专业著作,既包含了进行全球农业监测预报必须具备的基础知识,同时从全球农业气候资源、农业气象灾害及风险、农业气象监测、农作物监测、农作物预报几个方面进行了研究和分析,内容全面丰富、技术精炼可靠,长期的应用实践证明适用于大尺度业务运行。

本书可作为气象与农业部门从事全球监测的专业人员的参考书和工具书,对商业贸易、教育、科研等相关领域从业人员也具有参考价值。全书内容较为系统,在一定程度上满足了社会各界对该领域相关知识的需求,希望作者未来针对新的课题开展更多研究,推动进一步的国内与国际交流,促进研究与科技进步。

杨邦杰

(原农业部农业资源监测总站站长 杨邦杰)

2020 年 7 月于北京木樨地

前　言

随着全球经济发展一体化趋势,全球农业生产实时动态及产量形势受到全球各界的广泛关注。全球极端天气、气象灾害及其对全球农业生产的影响等信息需求日益旺盛,不仅对全球防灾减灾提供信息支持,同时也对政府决策、维护国家与地区粮食安全产生影响。2017年世界气象中心落户中国(北京),中国成为美国、俄罗斯、澳大利亚、欧洲中期天气预报中心、英国、德国、加拿大和日本之外的第9个世界气象中心。中国气象局为适应新的国际需求和形势,提出"全球监测、全球预报、全球服务"的发展目标和理念,推动全球业务能力建设和不断提升。

农业是全球气象监测预报业务的重要领域之一。我国国内农业气象业务自20世纪80年代初恢复至今已有近40年的历史,国外农业气象业务还比较年轻,才不过十几年。全球各地农业气候条件(资源)、主要气象灾害类型、物候和农业发展水平存在巨大差异,全球主要农作物种植分布不明确以及缺乏与之相对应的准确地理信息,全球气象观测数据时空不均或不完整,全球农气观测数据缺乏(不共享),全球遥感数据的(准)实时获取、海量数据实时处理与存储、新技术业务应用转化等等是全球农业气象监测与预报面临的基本问题,同时也给业务人员日常工作提出了极大的挑战,全球农业气象业务基础和关键技术急需建设与研发。在国家和社会需求的强有力牵引下,中国气象局中央气象台边研发边服务,经过十几年的建设,国外农业气象监测预报的数据源、技术方法、时空尺度等方面都得到了较大改进和发展,国外区域监测预报的精细化和准确率不断提高,逐步形成了全球实时监测和动态预报业务能力。

本书是作者团队在该领域多年技术研发和业务建设的相关成果积累和提炼,是一本面向全球气象监测预报业务和服务的专业参考书。它不仅为全球农业气象监测预报提供必备的基础知识和基本的技术方法,同时也为全球气象监测预报在重点关注区域及其主要气象灾害类型方面提供参考,是全球气象服务的基本工具书。同时,本书也可以为其他相关行业人员提供相关知识、技术方法和信息资料。

全书共有7章,第1—3章是全球农业气象监测预报业务必备的基础知识和背景信息,第4—7章是全球农业气象监测预报业务的基本数据和基本方法。其中,第1章第1、3节由钱永兰、李祎君完成,第2节由钱永兰完成;第2章第1节由钱永兰完成,第2节由赵俊芳完成;第3章、第4章、第5章、第6章由钱永兰完成;第7章第1节由曹云完成,第2节由钱永兰、郑昌玲完成。全书由钱永兰统稿。

　　本书成果依托中国气象局和中央气象台对全球气象业务和农业气象业务的发展规划和项目支持,在具体研发过程中,得到王建林、毛留喜和侯英雨研究员的全力支持和悉心指导。感谢团队的刻苦钻研和通力协作,感谢吕厚荃、宋迎波、延昊、周宁芳研究员,郑水草教授和杨舒楠高级工程师在资料和撰写等方面提供的帮助和指导。

　　由于能力和时间有限,有些错误在所难免,望大家谅解,并不吝批评指正。

作者

2020 年 6 月于北京

目 录

第1章　全球农业生产概况

1.1　全球耕地资源及大宗农作物种植分布

1.1.1　全球耕地资源概况

耕地在国内外不同土地利用分类系统中定义存在略微差异,所采用的数据和方法也不同,因此对于全球耕地总量的统计和估计也不尽一致。

按照联合国粮农组织(Food and Agriculture Organization of the United Nations,简称FAO)的定义(FAO,2015),耕地包括临时性耕地、临时性草地、临时性休耕地、永久性耕地等(见表1.1中类型1—4)。

表1.1　FAO农业调查土地利用(Land use,简称LU)分类划分

基本土地利用类型 (Basic land use classes)	合并土地利用类型 Aggregate land use classes			
类型 1. 临时性耕地 LU1. Land under temporary crops	类型 1-3: 可耕地 LU1-3 Arable land	类型 1-4: 耕地 LU1-4 Cropland	类型 1-5: 农用地 LU1-5 Agricultural land	类型 1-6: 农业用地 LU1-6 Land used for agriculture
类型 2. 临时性草地 LU2. Land under temporary meadows and pastures				
类型 3. 临时性休耕地 LU3. Land temporarily fallow				
类型 4. 永久性耕地 LU4. Land under permanent crops				
类型 5. 永久性草地 LU5. Land under permanent meadows and pastures				
类型 6. 农场用地 LU6. Land under farm buildings and farmyards				

续表

基本土地利用类型 (Basic land use classes)	合并土地利用类型 Aggregate land use classes
类型 7. 森林用地或其他林地 LU7. Forest and other wooded land	
类型 8. 水产养殖用地 LU8. Area used for aquaculture(including inland and coastal waters if part of the holding)	
类型 9. 其他未归类用地 LU9. Other area not elsewhere classified	

引自(FAO,2015)

根据 FAO 2017 年的统计结果,2017 年全球耕地面积为 15.61 亿公顷,比 2010 年(15.06 亿公顷)增加了 3.7%。其中,印度是世界上耕地最多的国家,其次是美国、中国、俄罗斯、巴西、印度尼西亚(后文及图表中简称印尼)、尼日利亚、阿根廷、加拿大和乌克兰(图 1.1)。

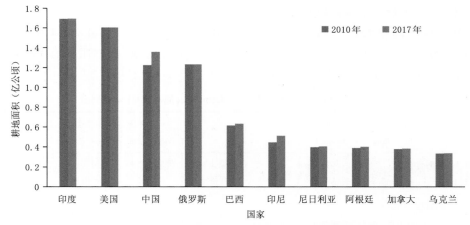

图 1.1 2017 年全球耕地面积居前 10 位的国家(统计数据来源:FAO)

从耕地分布的大洲来看,全球耕地主要分布在北美中部、南美中部、欧洲、北亚南部、南亚、东亚中东部、东南亚、非洲中部、大洋洲南部沿海等地(Broxton, et al.,2014)(图 1.2)。从国家和地区来看,全球耕地主要在加拿大南部、美国中部大平原、巴西中南部、阿根廷东北部、法国和德国等欧洲各国、俄罗斯西南部、乌克兰、哈萨克斯坦北部、印度、中国中东部、澳大利亚东南部和西南部等地。

研究发现全球耕地在近三个世纪以来一直呈现动态变化。Ramankutty 等(1998,1999,2008)基于卫星数据、农业数据和数学模型创建了 1700—1992 年历史农田数据集以及 2000 年全球耕地矢量图,并分析了全球耕地的时空变化,研究认为在 18—20 世纪

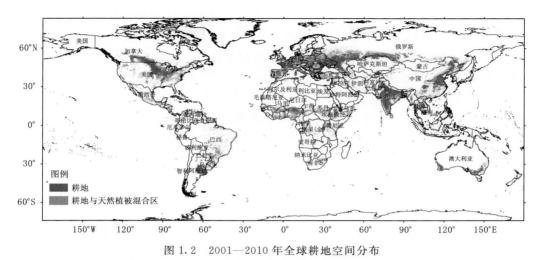

图 1.2　2001—2010 年全球耕地空间分布

（注：以美国地质调查局（USGS）全球土地覆盖气候学数据集-Global Land Cover Climatology 耕地信息制图）

全球耕地整体上呈现增加趋势；其中，欧洲是耕地扩张最快速的地区，其次是北美洲和前苏联，且扩张耕地主要来自于林地和草地（Ramankutty，1992，1998，2000）。

张丽娟等采用中国科学院地理科学与资源研究所和国家卫星气象中心等单位联合研制的 500 m 空间分辨率全球地表覆盖数据产品（CG-LTDR）（数据介绍见第 4 章），针对 1982—2011 年全球耕地时空格局变化进行了研究，发现 1982—2011 年全球耕地总体呈增加趋势，其中 20 世纪 80 年代和 21 世纪最初 10 年全球耕地面积为增加趋势，20 世纪 90 年代为减少趋势，20 世纪 80 年代增加速率是 21 世纪初的 10 年增速的 3.7 倍（张丽娟等，2017）。从地区来看，北美洲、南美洲、大洋洲耕地面积呈增加趋势，亚洲、欧洲、非洲耕地面积呈现减少趋势。

胡琼、吴文斌等采用国家基础地理信息中心和北京师范大学等单位联合研制的 30 m 空间分辨率全球地表覆盖数据产品（GlobeLand30）（数据介绍见第 4 章）2000 基准年和 2010 基准年的两期数据，对全球耕地及其变化进行了研究。该研究将耕地定义为用来种植农作物的土地，即通过播种耕作生产粮食和纤维的地表覆盖，包括开荒地、休闲土地、轮歇地和草田轮作地，以种植农作物为主的间有零星果树、桑树或其他树木的土地以及耕种三年以上的滩地和滩涂。该研究认为 2000—2010 年间，全球耕地面积增加 2.19%，其中美洲是耕地面积增长最多的大洲，非洲是耕地面积增长幅度最大的大洲，亚洲的耕地变化最为平缓；从国家来看，巴西和阿根廷是耕地面积增加绝对量和增加幅度最显著的国家（胡琼等，2018）。

全球耕地的利用程度也存在较大的空间差异，一般用复种指数来表示（为百分数，%），复种指数可表征耕地利用的集约化程度，它主要取决于自然气候条件，同时也受社会条件的制约,因此它能在一定程度上反映耕地的已利用程度以及耕地产出的已挖掘潜力。胡琼等(2018)研究发现,2010年东南亚马来群岛、中美洲以及西非大部复种指数均为200%以上,是全球复种指数最高的区域(胡琼等,2018),产粮大国中国、美国、印度的复种指数分别是100.40%、51.05%和103.65%。2000—2010年间,亚洲和南美洲复种指数呈上升趋势,北美洲、大洋洲和东欧呈下降趋势。从全球耕地较多的国家来看,巴西、中国、印度、乌克兰、阿根廷、哈萨克斯坦等国家耕地复种指数呈现增加趋势,俄罗斯、加拿大、美国、澳大利亚等国家复种指数下降(胡琼等,2018)。

1.1.2 全球大宗农作物种植分布

1.1.2.1 小麦

小麦是世界各国的主要口粮,全球35%～40%的人口以小麦为主食,它也是最重要的贸易粮食和国际援助粮食。全球小麦种植面积约2.2亿公顷,年总产量约7.4亿吨。小麦适应性强、分布广泛,主要集中在北纬30°～55°和南纬25°～40°之间的温带地区,最北可至北纬65°的北欧,最南可至南纬45°的阿根廷南部,从平原到海拔4000 m的高原(如中国西藏)均有栽培,种植分布极广(崔读昌,1994)。世界小麦主产区主要在中国中北部、印度及巴基斯坦中北部、美国中北部大平原、加拿大南部、欧洲大部、阿根廷的潘帕斯大草原、澳大利亚东南部和西南部、俄罗斯西南部(主要位于欧洲)、哈萨克斯坦北部等地区。

小麦包括普通小麦和硬粒小麦两大类,其中普通小麦约占总产的95%,主要用于制作面包、面条、馒头、饼干等食品;硬粒小麦约占5%,主要用于生产通心粉类面制品(许世卫和信乃诠,2010)。

根据小麦习性和播期不同,又分为冬性(含半冬性)和春性小麦(许世卫和信乃诠,2010)。冬小麦在年平均气温10～18 ℃(图2.1),生育期平均气温6～12 ℃的条件适宜生长发育,因此中国的黄河流域中下游、长江流域中部与北部、美国的中北部、欧洲大部(含俄罗斯西南部)、澳大利亚南部、阿根廷中部等区域是冬小麦分布集中的地区;春小麦在年平均气温1～12 ℃(图2.1),生育期在平均气温14～18 ℃的条件下适宜生长发育,因此中国的东北部、北部、西北部和青藏高原的东部、加拿大、欧洲中北部、阿根廷南部等区域是春小麦主产区。

从各大洲分布来看,亚洲小麦主要分布在中国、印度北部和东部、巴基斯坦、伊朗、哈萨克斯坦等地;小麦在欧洲各国几乎均有种植,西欧产量大于东欧,俄罗斯小麦主要为冬小麦,分布在其西南部;北美洲的加拿大南部和美国北部地区以种植春小麦为主,美国中部和西部以种植冬小麦为主;南美洲小麦主要分布在巴西南部、阿根廷中东部;大洋洲小麦主要分布在澳大利亚东南部和西南部沿海地区;世界其余地区小麦种植面积和产量比重较小。

从各国冬春性小麦种植和产量占比来看,中国、美国、印度、澳大利亚、阿根廷以及欧洲大部国家等以冬小麦为主,俄罗斯、乌克兰、哈萨克斯坦、土耳其、伊朗等国家冬小麦比例较高,加拿大、欧洲北部以春小麦为主。全球小麦总产量前 10 国家小麦产量和种植面积见图 1.3。

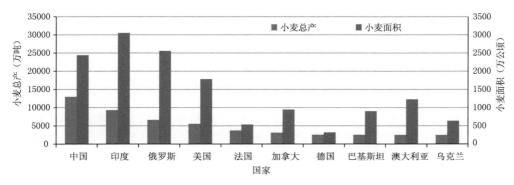

图 1.3　世界小麦总产量前 10 位国家小麦总产及面积

1.1.2.2　水稻

水稻和小麦一样,是另一种重要的粮食作物,在为人类提供主食的同时,还为畜牧业发展提供饲料,为工业发展提供原料。全球水稻种植面积约 1.6 亿公顷,年总产量约 7.5 亿吨。水稻好暖喜湿,一般在高温多雨的地区都能种植。水稻在北纬 50°～南纬 35°之间均有种植,其集中产区在北纬 45°～南纬 30°之间,一般年降水量大于 1000 mm,主要分布于东亚、南亚和东南亚地区(崔读昌,1994)。

全球 90% 以上的水稻种植在亚洲,其中中国水稻种植面积最大,约占三分之一,主要集中在中国淮河以南的广大地区,其次是印度东部及其沿海地区,中国和印度两国水稻面积占亚洲水稻种植总面积的 50% 以上;印尼、孟加拉国、越南、泰国也是比较重要的水稻种植国,其全境几乎均可种植。另外,在大洋洲南部、北美南部、中美洲、南美洲的部分国家和地区也有少量水稻种植,但种植面积不足世界总量的十分之一。全球水稻总产量前 10 国家水稻产量和种植面积见图 1.4。

1.1.2.3　玉米

玉米是仅次于小麦、水稻的又一世界主要粮食作物,也是重要的饲料和工业原料(如生产乙醇)。全球玉米种植面积约 1.9 亿公顷,年总产量约 10.8 亿吨。玉米是一种喜温作物,适宜生长的平均温度 20～28 ℃并连续 3～4 个月,北界至北纬 45°～50°,南界至南纬 35°～40°,饲料玉米(平均气温 10～20 ℃即可)向北可延伸至北纬 58°～60°的地区,从海拔低于 100 m 的盆地,到海拔近 3000 m 的高原,从可灌溉干旱地区到湿润地区,均有玉米种植(崔读昌,1994)。

世界玉米集中在三大地带:一是美国中部玉米带,生产了世界 1/3 以上的玉米;

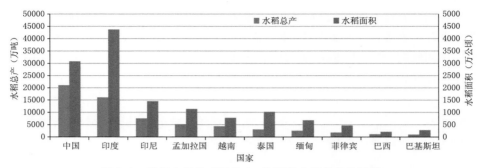

图 1.4　世界水稻总产量前 10 位国家水稻总产及面积

二是中国的华北平原、东北平原、关中平原、四川盆地等,占世界玉米产量的 1/5 以上;三是欧洲南部平原,西起法国,经意大利、南斯拉夫、到罗马尼亚。从大洲来看,北美洲种植面积最大,占世界近一半,其次为亚洲(约占 1/5)、欧洲(约占 1/7)、拉丁美洲和非洲。从国家来看,种植面积最大、总产量最多的国家依次是美国、中国、巴西、墨西哥,全球玉米总产量前 10 国家玉米产量和种植面积见图 1.5。

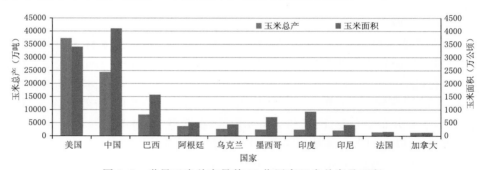

图 1.5　世界玉米总产量前 10 位国家玉米总产及面积

1.1.2.4　大豆

大豆是最主要的油料作物,也是重要的粮食作物,兼有食用、油料、饲料及工业原料等多种用途,大豆、豆油和豆饼粕在世界油子、油和油饼粕贸易中均居首位。全球大豆种植面积约 1.2 亿公顷,年总产量约 3.2 亿吨。

大豆是一种适应性强的作物,既喜温暖又耐冷凉,一般生育期平均气温 18~26 ℃,年降水量>500 mm,在热带、亚热带和温带气候都能种植(崔读昌,1994),原产于中国,但目前在南北美洲种植最为集中,世界大豆主产国主要为美国、巴西、阿根廷和中国,其中美国是当前世界上最大的大豆生产国,其产量占世界大豆总产量的一半以上,巴西是第二大豆生产国,阿根廷、中国的大豆产量居于世界第 3、4 位,另外,乌克兰、印度、加拿大、巴拉圭、乌拉圭等也是重要的大豆生产国,但产量占全球比重较小。全球大豆总产量前 10 国家大豆产量和种植面积见图 1.6。

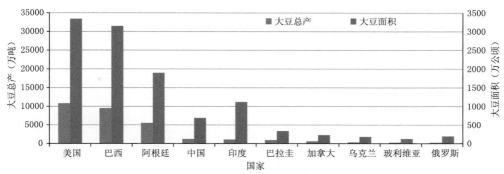

图 1.6　世界大豆总产量前 10 位国家大豆总产及面积

1.1.2.5　甘蔗

甘蔗是加工糖的主要原材料,也是重要的工业原料,如巴西等国家将大量甘蔗用于生产乙醇,另外甘蔗加工过程中的残渣可用作饲料。全球甘蔗种植面积约 0.26 亿公顷,年总产量约 18.8 亿吨。各地糖料蔗含糖率有所不同,一般在 7%～18%,全球原糖年总产量约 1.7 亿吨(注:FAO 2010—2014 年平均值),主要为蔗糖。20 世纪 70 年代以前,全球蔗糖和甜菜糖比例基本持平,随着巴西、印度等大力发展甘蔗种植业,以及 21世纪后欧盟食糖市场改革、(甜菜)补贴和生产配额消减,蔗糖比例不断上升,甜菜糖占比不断下降,目前蔗糖产量已占世界食糖产量的 80% 以上,在中国占比达 90% 以上。

甘蔗一般生长于 20～45 ℃的热带和亚热带地区(图 2.1),高可至 5 m,喜光照充足和高湿的环境,最适宜年降水量一般在 1500～2500 mm(图 2.2),生长期长,一般一年到一年半。在北纬 37°(如西班牙)和南纬 35°(如南非)之间均有种植(Willy,2020),在亚洲、美洲的南北回归线之间的地区分布较为集中,主要分布在巴西中南部和东北部、印度北部和中部偏西、中国南部、泰国、美国南部、澳大利亚东部、墨西哥、危地马拉、古巴、巴基斯坦东部等地区。全球甘蔗总产量前 10 位国家的甘蔗总产量和种植面积见图 1.7。

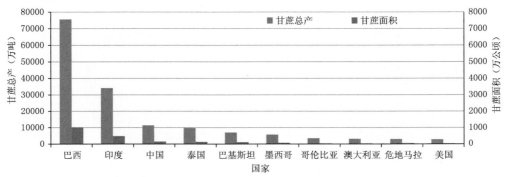

图 1.7　世界甘蔗总产量前 10 位国家甘蔗总产及面积

1.2 全球重要产粮国家及其主要农作物种植分布

1.2.1 全球重要产粮国家

　　全球重要产粮国家包括全球产粮大国和粮食出口大国,即某种粮食总产量或出口量占全球总量比重较大的国家,这些国家的粮食生产波动将不同程度地影响世界粮食市场的稳定性,并可能威胁全球或部分地区粮食安全。为更客观反映当前全球粮食生产和贸易状况,粮食产量和出口量均采用可获取的近 5 a 平均值。通过对全球各国小麦、玉米、大豆、水稻四种作物的年产量(2013—2017 年平均值)和出口量(2013—2017 年平均值)进行排序,最后确定作物年产量超过 2000 万吨、出口量全球占比超过 5% 的国家为全球重要产粮国家(见表 1.2)。此外,将蔗糖生产情况也进行了说明,蔗糖数据以 FAO 原糖产量为依据,其中原糖产量基于 2010—2014 年数据平均值(为当前最新数据),原糖出口量基于 2013—2017 年数据平均值。

1.2.1.1 小麦

　　全球小麦年总产量约 7.4 亿吨,每年出口量约 1.79 亿吨。全球小麦总产量前10 位的国家依次分别是中国、印度、俄罗斯、美国、法国、加拿大、德国、巴基斯坦、澳大利亚和乌克兰,总产量占全球小麦总产量的 69.7%,其余国家总产量仅占 30.3%(图 1.8)。中国和印度是世界小麦生产大国,总产分别占全球的 17.5% 和 12.6%,但同时也是小麦消费大国,出口量很少,类似的还有加拿大、巴基斯坦;美国、俄罗斯、法国、澳大利亚、乌克兰。德国既是重要的小麦生产国,也是重要的小麦输出国,其小麦出口占全球比重都在 5% 以上。同时,罗马尼亚、哈萨克斯坦、保加利亚、波兰、立陶宛、匈牙利、捷克、拉脱维亚等东欧和中亚地区也是重要的小麦输出区,出口占全球

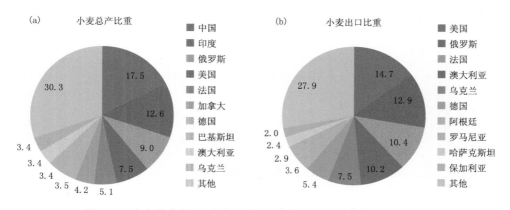

图 1.8　小麦总产量(a)和出口量(b)占全球比重(%)前 10 位国家

比重均在 1%～3%(约 170 万吨～520 万吨),南美洲的阿根廷小麦出口量占全球比重为 3.6%。

1.2.1.2　水稻

全球水稻年总产量约 7.5 亿吨,每年(去壳糙米)出口量约 4000 万吨。全球水稻总产量前 10 位的国家依次分别是中国、印度、印度尼西亚(印尼)、孟加拉国、越南、泰国、缅甸、菲律宾、巴西和巴基斯坦(图 1.9)。中国水稻年产量约 2.1 亿吨,占全球 28.1%,但每年出口量约 60 万吨,仅占全球 1.4%,印尼、孟加拉国、菲律宾等水稻主产国家生产的水稻也主要是用于满足本国消费需求。印度水稻年产量约 1.6 亿吨,占全球 21.5%,每年出口量约 1100 万吨,占全球出口总量的 26.6%,是世界第一稻米出口大国。泰国、越南、巴基斯坦和美国是世界重要的稻米出口国,年出口量分别占全球总出口量的 23.6%、13.7%、8.8%和 7.7%。此外,乌拉圭、巴西、意大利、缅甸、阿根廷、柬埔寨、巴拉圭等国家稻米输出占全球比重也在 1%～2%(约 25 万吨～85 万吨)。

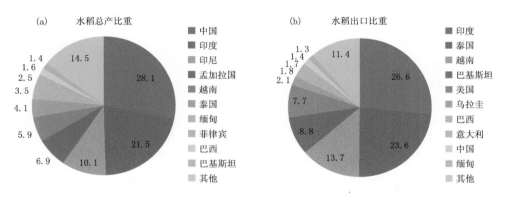

图 1.9　水稻总产量(a)和出口量(b)占全球比重(%)前 10 位国家

1.2.1.3　玉米

全球玉米年总产量约 10.8 亿吨,每年出口量约 1.45 亿吨。美国、中国、巴西、阿根廷、乌克兰玉米总产量为 7.6 亿吨,占全球的 70.8%;墨西哥、印度、印尼、法国、加拿大玉米总产量为 1.0 亿吨,占全球的 9.3%;前 10 位国家玉米总产占全球总产的 80.1%(图 1.10)。美国年产玉米约 3.7 亿吨,占全球玉米总产的 34.6%,年出口量约 4500 万吨,占全球玉米出口总量的 31.3%,是世界最大的玉米生产国和出口国。巴西、阿根廷、乌克兰玉米出口占全球比重分别为 17.5%、13.9%和 12.4%,年出口总量约分别为 2500 万吨、2000 万吨、1800 万吨。此外,法国、俄罗斯、罗马尼亚、匈牙利、巴拉圭、印度玉米年出口量在 200 万吨～600 万吨,占全球出口总量的 1%～4%。

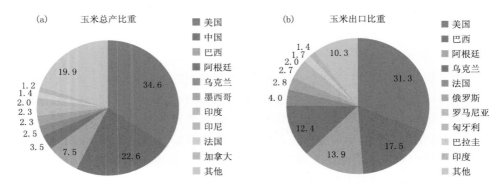

图 1.10　玉米总产量(a)和出口量(b)占全球比重(%)前 10 位国家

1.2.1.4　大豆

全球大豆年总产量约 3.2 亿吨,每年出口量约 1.29 亿吨。美国、巴西、阿根廷的大豆产量和出口量分别居世界前三位,是世界重要的大豆生产国和出口国。美国、巴西、阿根廷大豆年产量约分别为 10000 万吨、9500 万吨、5500 万吨左右,分别占全球总产的 34.0%、29.9% 和 17.4%(图 1.11);年出口量约分别为 5000 万吨、5300 万吨、900 万吨左右,分别占全球总出口量的 38.8%、40.8% 和 6.7%。此外,巴拉圭、加拿大、乌拉圭、乌克兰、荷兰大豆的出口量也都在 100 万吨～500 万吨(约 1%～4%)。

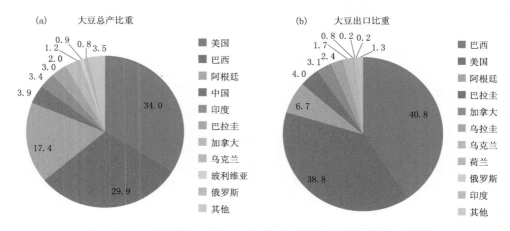

图 1.11　大豆总产量(a)和出口量(b)占全球比重(%)前 10 位国家

综合考虑各国上述四种大宗粮食作物产量和出口量,确定全球重要产粮国家的粮食总产量和出口量及其占全球比重情况如表 1.2 所示。

表 1.2　全球重要产粮国主要作物总产量和出口量(万吨)及占全球比重(%)

大洲	国家		小麦		水稻		玉米		大豆	
			万吨	%	万吨	%	万吨	%	万吨	%
北美洲	美国	总产量	5586	7.5	913	1.2	37354	34.6	10844	34.0
		出口量	2629	14.7	319	7.7	4551	31.3	5003	38.8
	加拿大	总产量	3136	4.2	—	—	—	—	—	—
		出口量	—	—	—	—	—	—	—	—
南美洲	巴西	总产量	—	—	—	—	8151	7.5	9542	29.9
		出口量	—	—	—	—	2547	17.5	5251	40.8
	阿根廷	总产量	—	—	—	—	3766	3.5	5558	17.4
		出口量	—	—	—	—	2018	13.9	864	6.7
亚洲	中国	产量	12968	17.5	21086	28.1	24453	22.6	1236	3.9
		出口量	—	—	—	—	—	—	—	—
	印度	产量	9334	12.6	16103	21.5	2513	2.3		
		出口量	—	—	1106	26.6	—	—		
	巴基斯坦	产量	2552	3.4	1052	1.4	—	—		
		出口量	—	—	367	8.8	—	—		
	孟加拉国	产量	—	—	5195	6.9				
		出口量	—	—	—	—				
	泰国	产量	—	—	3102	4.1				
		出口量	—	—	980	23.6				
	越南	产量	—	—	4400	5.9				
		出口量	—	—	568	13.7				
	印尼	产量	—	—	7561	10.1	2193	2.0		
		出口量	—	—	—	—	—	—		
欧洲	法国	产量	3767	5.1	—	—				
		出口量	1868	10.4	—	—				
	德国	产量	2566	3.5	—	—				
		出口量	961	5.4	—	—				
	俄罗斯	产量	6659	9.0	—	—				
		出口量	2310	12.9	—	—				
	乌克兰	产量	2505	3.4	—	—	2710	2.5		
		出口量	1340	7.5	—	—	1800	12.4		
大洋洲	澳大利亚	产量	2520	3.4	—	—				
		出口量	1829	10.2	—	—				

注:表中数据基于 FAO 2013—2017 年 5 个年度统计数据的平均值。"—"表示总产量或出口量在全球比重较小,未列出其数据

1.2.1.5 蔗糖

全球原糖年总产量约 1.7 亿吨,原糖年出口量约 3700 多万吨。巴西是全球蔗糖产量最大的国家,年产蔗糖近 3800 万吨,占全球的 22.6%,此外印度(年产量约 2700 万吨)、中国(800 万~1000 万吨)、泰国(1000 万~1300 万吨)和美国(700 多万吨)也均是居世界前列的蔗糖生产国(图 1.12)。在上述产糖大国中,巴西和泰国出口量较大,分别占世界总出口量的 57.2% 和 8.6%,印度、中国、美国是糖消费大国。澳大利亚蔗糖年产量仅 400 万~500 万吨,但出口量仅次于巴西,占全球出口总量的 8.8%,其产量的 80% 多用于出口。此外,部分中美洲和非洲国家的蔗糖出口也在全球占有重要地位(图 1.12)。

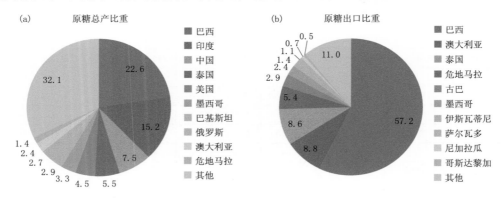

图 1.12　原糖总产量(a)和出口量(b)占全球比重(%)前 10 位国家

1.2.2　全球重要产粮国家主要农作物种植分布

由于全球重要产粮国家疆域大小不同,有的疆域比较大,气候条件多样,不同作物区域性种植分布特点比较显著,以下对全球部分重要产粮国家主要农作物种植分布进行介绍。各国作物的种植分布图均为示意图,根据所掌握数据的不同,有些基于本国某一年公布的农业调查数据如美国,有些基于某一年的遥感提取信息如加拿大、哈萨克斯坦、澳大利亚等,有些基于多年统计数据的平均值划分省级主产区如印度、巴西等。

1.2.2.1　北美洲

美国

本部分主要依据美国农业部(Unites States Department of Agriculture,简称 USDA)农业统计局(National Agriculture Statistics Service,简称 NASS)2015 年公布的农作物种植面积调查数据(CropScape/Cropland Data Layer,简称 CDL)(Boryan et al.,2011)制图完成,书中美国所有制图只针对美国本土数据。

图 1.13 为美国冬小麦主要种植分布,冬小麦在全国分布较广,主产区在美国中央大平原中部的堪萨斯州、俄克拉何马州、得克萨斯州、科罗拉多州等地,美国西部和

北部、五大湖以南等地区也有分布。

图 1.13　美国冬小麦种植分布示意图

图 1.14 为美国春小麦主要种植分布，春小麦主要分布在美国北部的明尼苏达、

图 1.14　美国春小麦种植分布示意图

北达科他、南达科他、蒙大拿、爱达荷、华盛顿等州，其中北达科他、蒙大拿、南达科他产量较高，约分别占 45%、18%、10%。

美国玉米主要分布在美国传统地理分区中的"中西部"(Midwest)，包括北达科他州、南达科他州、明尼苏达州、艾奥瓦州、密苏里州、威斯康星州、伊利诺伊州、密歇根州和印第安纳州九个州，此外中央大平原中部的内布拉斯加州和堪萨斯州以及五大湖南部的俄亥俄州等地也有较多种植（图 1.15）。艾奥瓦、伊利诺伊两州是美国玉米生产最大的两个州，产量约分别占全国玉米总产的 17% 和 15%，内布拉斯加和明尼苏达位列其后，约分别占 12% 和 10%，四州总产占到全国玉米总产的一半以上。

图 1.15　美国玉米种植分布示意图

大豆和玉米在美国经常轮作，美国大豆种植区和玉米种植区大致吻合，只是在密西西比中下游河谷一带大豆种植较多，玉米相对较少（图 1.16）。艾奥瓦、伊利诺伊也是美国大豆种植最大的两个州，产量均占全国总产的 14% 左右，明尼苏达、内布拉斯加、印第安纳、俄亥俄、密苏里等也是美国重要的大豆主产州。

美国水稻种植不多，主要在密西西比河中下游河谷地区，加利福尼亚州北部也有种植（图 1.17）。阿肯色州是美国水稻生产第一大州，产量约占全国总产的一半；加利福尼亚州水稻产量约占全国的五分之一，是美国水稻生产第二大州。

加拿大

加拿大春小麦主产区位于加拿大草原三省(Canadian Prairies，也称加拿大大草原)，即艾伯塔省、萨斯喀彻温省和马尼托巴省的南部地区（见图 1.18，基于遥感数据

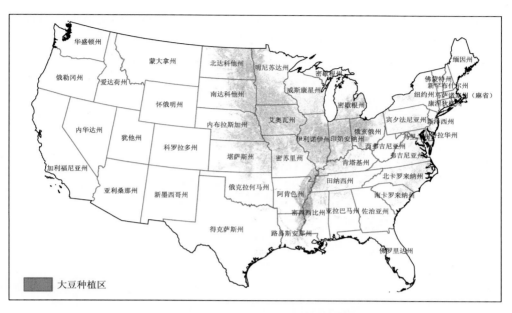

图 1.16　美国大豆种植分布示意图

图 1.17　美国水稻种植分布示意图

提取)。

加拿大玉米和大豆主要种植于安大略省东南部和魁北克省的南部地区,和美国玉米大豆产区毗邻,其中安大略省是加拿大玉米和大豆第一主产大省。

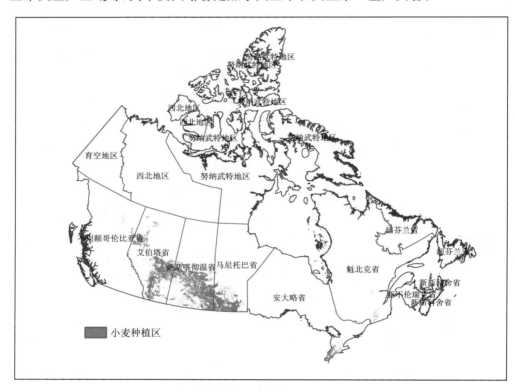

图 1.18　加拿大小麦种植分布示意图

1.2.2.2　南美洲

巴西

大豆在巴西种植比较广泛,但主要集中在中南部,马托格罗索、戈亚斯、南马托格罗索、巴拉那、北里奥格兰德是巴西大豆的主产地区(图 1.19)。此外,托坎廷斯州、马拉尼昂州南部以及巴伊亚、米纳斯吉拉斯、圣保罗、圣卡塔琳娜等州的西部也有较多种植。

巴西玉米有两季,头季玉米和大豆生长季基本一致,在巴西全境均有种植,中南部相对集中,帕拉州北部、马托格罗索中部、戈亚斯南部、巴伊亚西部、米纳斯吉拉斯西部、圣保罗西南部、巴拉那中南部、北里奥格兰德北部等地是巴西头季玉米主产区(图 1.20)。巴西二季玉米主要在中西部的马托格罗索、戈亚斯西南部、南马托格罗索南部、巴拉那西部等地种植(图 1.21),巴伊亚、米纳斯吉拉斯、圣保罗等州种植相对比较分散。

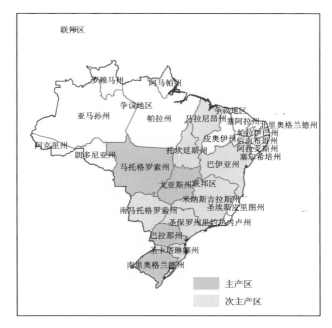

图 1.19　巴西大豆种植分布示意图

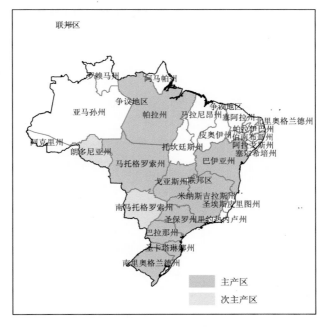

图 1.20　巴西头季玉米种植分布示意图

图 1.21　巴西二季玉米种植分布示意图

巴西甘蔗主要分布在巴西中南部(图 1.22),总产量约占全国的 85% 以上,其中圣保罗州是最大的甘蔗种植州,主要分布在其西部和北部;其次是巴拉那州,主要分

图 1.22　巴西甘蔗种植分布示意图

布在该州北部地区；马托格罗索、南马托格罗索、戈亚斯、米纳斯吉拉斯等州也有少量种植。巴西甘蔗的另一产区是巴西东北部，主要分布在东北部几州的沿海地区（图1.22），产量约占全国的 10％以上。

阿根廷

阿根廷东北部的潘帕斯草原是阿根廷主要的农牧区，也是阿根廷大豆和玉米的重要产区。科尔多瓦省、圣菲省、恩特雷里奥斯省等地大部、布宜诺斯艾利斯省北部和中部、圣地亚哥－德尔埃斯特罗省北部和东部、查科省西部、萨尔塔省中部和北部是阿根廷大豆主要产区（图1.23），布宜诺斯艾利斯省东部和西南部、拉潘帕省东北部、圣路易斯省、科连特斯省、米西奥内斯省以及萨尔塔省东部等地也有分散种植。

图 1.23　阿根廷大豆种植分布示意图

阿根廷玉米在上述大豆产区大部都有种植，但以科尔多瓦省中南部、圣菲省南部、布宜诺斯艾利斯省北部、萨尔塔省中部为主要产区（图1.24），其余各省分布较为分散，产量占比较低。

图 1.24　阿根廷玉米种植分布示意图

1.2.2.3　亚洲

印度

　　小麦是印度最主要的粮食作物之一。印度小麦主要分布在印度北部,北方邦、旁遮普、哈里亚纳三地是印度小麦最主要的产区,产量占全国的 60% 以上(图 1.25);其次是中央邦、拉贾斯坦邦、比哈尔邦、古吉拉特邦、马哈拉施特拉邦,小麦产量约占全国的 30% 以上;另外,喜马偕尔邦西南部、西孟加拉邦北部、卡纳塔克邦北部也有小麦种植。

　　水稻和小麦一样,是印度的另一重要口粮作物。印度水稻主要分布在北部恒河平原、东北部的布拉马普特拉河河谷以及德干高原东西两侧的沿海平原地区,其中北部的北方邦、旁遮普邦、比哈尔邦、哈里亚纳邦、西孟加拉邦、阿萨姆邦,东部的奥里萨邦、恰尔肯德邦、切蒂格尔邦、安德拉邦、泰米尔纳德邦以及西海岸的卡纳塔克邦都是印度水稻的主产区(图 1.26)。此外,西南部的喀拉拉邦、西部的马哈拉施特拉邦沿海和东北部、古吉拉特邦东部、中央邦东部等地也有种植。

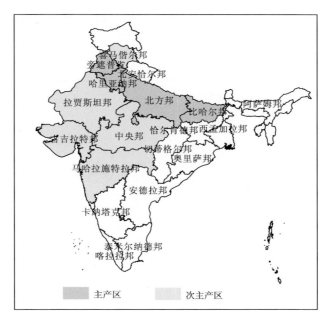

图 1.25　印度小麦种植分布示意图

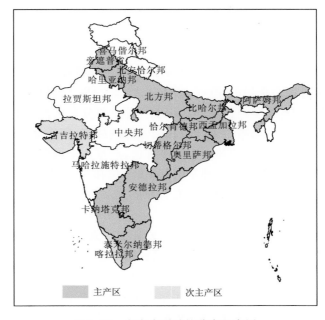

图 1.26　印度水稻种植分布示意图

印度玉米主要分布在印度半岛的中南部,南部的卡纳塔克邦、安德拉邦种植最为集中,产量约占全国的一半;其次马哈拉施特拉邦北部、古吉拉特邦东部、中央邦西部和南部、拉贾斯坦邦东南部、比哈尔邦、北方邦西部、喜马偕尔邦西部、旁遮普省东部等地也有较多种植(图 1.27)。

图 1.27　印度玉米种植分布示意图

印度大豆主要集中分布在中央邦中西部、马哈拉施特拉邦北部、拉贾斯坦邦东南部,上述三地产量分别占全国的 50%、30%、10% 以上(图 1.28)。

印度是世界最大蔗糖生产国之一。印度甘蔗主要分布在恒河平原和德干高原西部和东南部,其中北方邦、马哈拉施特拉邦两省种植最多(图 1.29),产量约占全国的 60% 以上,东南部的泰米尔纳德邦也有较多种植,产量占全国的 10% 以上。此外,古吉拉特邦东南部、卡纳塔克邦北部和东南部、安德拉邦东北部、奥里萨邦南部和东部沿海、旁遮普、哈里亚纳邦、西孟加拉邦也有种植。

东南亚

印尼水稻面积在东南亚各国中最大,主要种植在人口稠密、灌溉条件较好的爪哇岛、苏门答腊岛和南苏拉威西,占了全国水稻种植面积的 80%,其中仅爪哇岛水稻种植面积就约占全国的 50%。其次是泰国,水稻主要种植于北部平原和低地(高产区)、东北部呵叻高原(香米主产区)、中部湄南河平原(深水稻区)等地。越南水稻主要种植在九江平原,超过全国总种植面积的 50%,其次是中北部、中部沿海地区以及红河平原(阮清廉等,2017)。

图 1.28　印度大豆种植分布示意图

图 1.29　印度甘蔗种植分布示意图

哈萨克斯坦

春小麦占全国小麦种植面积的 95%，主要分布在北部的北哈萨克斯坦、科斯塔奈、阿克莫拉、巴甫洛达尔等州（图 1.30）。冬小麦在南哈萨克斯坦州有少量种植。

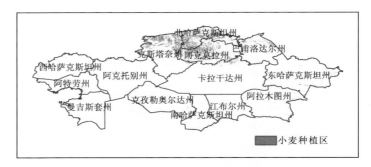

图1.30　哈萨克斯坦小麦种植分布示意图

1.2.2.4　欧洲

俄罗斯

俄罗斯冬小麦主要分布在俄罗斯西南部的南方区（又称南北高加索）、中央区、伏尔加区、乌拉尔区南部和西伯利亚区西南部（图1.31）。

图1.31　俄罗斯小麦种植分布示意图

乌克兰

乌克兰几乎全境均可种植小麦，冬小麦以偏南地区为主（图 1.32），春小麦主要在西部和北部地区（图 1.33）。乌克兰玉米主要种植在中部和西南部地区（图 1.34）。

图 1.32　乌克兰冬小麦种植分布示意图

图 1.33　乌克兰春小麦种植分布示意图

图 1.34　乌克兰玉米种植分布示意图

1.2.2.5 大洋洲

澳大利亚

澳大利亚冬小麦主要分布在澳大利亚的西南部和东南部,包括西澳大利亚州西南部沿海、南澳大利亚州南部沿海、维多利亚州中西部、新南威尔士州南部和中部等地(图1.35)。

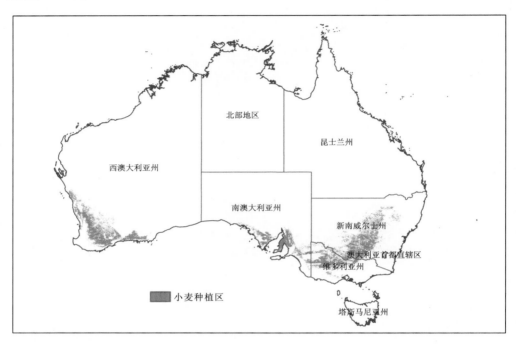

图 1.35 澳大利亚小麦种植分布示意图

澳大利亚甘蔗主要分布在昆士兰州和新南威尔士州的东部沿海狭长地带,其中主产区在昆士兰州,约占全国总产的 95%。新南威尔士州种植面积很少,主要在其东北部沿海,生长期略长。

1.3 全球主要农作物发育期

1.3.1 全球主要大宗作物发育期地区差异

由于地理、气候等多种因素差异(姜会飞和郑大玮,2008),即使同一种作物种植于地球不同的地理位置,由于气候条件的差异,其发育期也存在较大差异。下面针对小麦、水稻、玉米、大豆、甘蔗等大宗作物在全球各地的发育期进行说明,其中粮食作物主要参考了崔读昌主编的《世界农业气候与作物气候》(崔读昌,1994),部分内容有所修正。

1.3.1.1　小麦

冬小麦

冬小麦生育期因越冬期间是否停长以及停长时间长短而不同,从 4～10 个月(120～340 d)不等。中国北方冬小麦生育期一般为 8～10 个月,南方冬小麦一般 5～6 个月;欧洲东部和北部、北亚南部一般为 10 个月左右(260～320 d),中亚一般为 8～10 个月,欧洲西部沿海和南部一般为 6～8 个月。北美洲北部加拿大一般 10～11 个月,美国北部 8～10 个月,中部 7～8 个月,南部 5～7 个月。澳大利亚南部一般 6～7 个月。巴西南部、阿根廷北部一般 5～7 个月,阿根廷中南部一般 7～9 个月。冬小麦生育期一般包括播种、出苗、分蘖、越冬、返青、拔节、孕穗、抽穗、开花、乳熟、成熟几个阶段。

亚洲

俄罗斯西伯利亚南部、哈萨克斯坦北部 8 月中下旬至 9 月中旬播种,次年 7 月下旬至 8 月上旬成熟。

中国西北(新疆等地)9 月上中旬播种,7 月上旬至下旬成熟;黄河流域中下游 9 月中下旬至 10 月上中旬播种,6 月上旬至下旬成熟;长江流域 10 月下旬至 11 月中下旬播种,5 月上旬至下旬成熟;青藏高原 9 月中旬至 10 月上中旬播种,8 月中下旬成熟。

中亚如哈萨克斯坦、乌兹别克斯坦、阿富汗等 9 月中旬至 10 月中旬播种,6 月中下旬至 7 月上中旬成熟。

南亚印度 11 月中下旬播种,由于温度偏高生长期受限制,适播期很短,北部 4 月成熟,中南部 3 月成熟;巴基斯坦 11 月上旬至下旬播种,4、5 月成熟。

西亚伊朗、伊拉克、叙利亚等为 10 月下旬至 11 月下旬播种,5 月成熟收获;沙特阿拉伯为 11 月中下旬播种,4 月以前成熟收获;土耳其和外高加索的格鲁吉亚、阿塞拜疆、亚美尼亚为 10 月上旬至 11 月中旬播种,6 月上旬至下旬成熟收获。

大洋洲

澳大利亚 5 月下旬至 6 月中旬播种,北部当年 10 月上旬开始成熟,南部 12 月中旬,由北向南推迟。新西兰为 5 月中旬至 6 月中旬播种,次年 1 月成熟。

欧洲

小麦播种从北向南推迟,收获从南向北陆续开展。北欧 9 月上中旬播种,次年 8 月下旬收获;英国、德国、波兰、捷克、匈牙利、罗马尼亚等国为 9 月下旬至 10 月下旬播种,英国、德国、波兰北部、俄罗斯中部等 8 月上中旬收获;法国、西班牙、意大利、希腊等为 11 月上旬至下旬播种,俄罗斯欧洲部分南部、乌克兰等为 9 月上旬至 10 月中旬播种,法国、罗马尼亚、匈牙利、乌克兰、俄罗斯南部等 7 月上旬至下旬成熟收获。

非洲

非洲北部在 11 月中下旬播种,东北非如埃及在次年 4 月上旬至下旬成熟,西北非如阿尔及利亚、摩洛哥等 5 月上旬至 6 月上旬成熟;埃塞俄比亚、肯尼亚等高原地区为 7 月播种,当年 11 月中旬成熟;南部非洲的安哥拉、莫桑比克、南非北部为 5 月下旬播种,10 月上旬至下旬成熟;南非南部为 5 月中下旬播种,11 月上中旬成熟。

北美洲

加拿大冬小麦南部为 9 月中旬播种,次年 7 月下旬成熟;美国北部为 9 月下旬播种,次年 6 月下旬至 7 月中下旬成熟,中部为 10 月上旬至下旬播种,5 月下旬至 6 月中旬成熟,南部为 11 月上旬至下旬播种,4 月下旬至 5 月中旬成熟,西部沿海比同纬度东部偏晚。

拉丁美洲

墨西哥为 11 月下旬播种,次年 4 月成熟,高原中心为 11 月上中旬播种,5 月上旬成熟;中美洲其他地区为 11 月下旬播种,4 月成熟。南美洲南纬 15 ℃以北的地区基本不种植小麦,在厄瓜多尔、秘鲁的安第斯山地为 2—3 月播种,当年 8 月成熟;巴西南部、阿根廷北部为 6 月上旬至下旬播种,同年 11 月中下旬成熟;阿根廷中部为 5 月上旬至下旬播种,同年 12 月上旬至下旬成熟,南部为 4 月下旬播种,次年 1 月上旬成熟。

春小麦

春小麦生育期差距不大,一般为 4 个月左右(100~140 d),以 100~120 d 居多,高纬区偏长,低纬区偏短。春小麦生育期一般包括播种、出苗、分蘖、拔节、孕穗、抽穗、开花、乳熟、成熟几个阶段。

春小麦主要种植在北半球北部,南半球阿根廷南部有少量种植。亚洲北部北纬 55°左右至北纬 40°为春小麦主要种植区域。播种期从南部的 3 月上旬至北部的 5 月下旬,中国东北、华北北部、西北等地区为 3 月上旬至 4 月下旬播种,7 月下旬至 8 月下旬成熟,俄罗斯亚洲部分为 5 月上旬至下旬播种,8 月上旬至下旬成熟,哈萨克斯坦为 8 月上旬至中旬成熟;欧洲从德国北部至北欧、俄罗斯大部为 4 月下旬至 5 月下旬播种,北部 8 月中下旬成熟,中南部为 8 月上旬成熟。北美洲加拿大为 5 月上旬至下旬播种,北部 9 月上旬成熟,南部 8 月下旬成熟;美国北部为 4 月中下旬播种,8 月中旬成熟;阿根廷南部为 8—9 月播种,12 月下旬—次年 1 月下旬成熟。

1.3.1.2 水稻

水稻的生育期一般为 4~5 个月(110~160 d),不同地域不同季节略有差异,东亚、南亚、东南亚等主产区一般为 110~130 d,高纬度高海拔地带一般生育期可延长至 140~160 d 或更长。水稻生育期一般包括播种、出苗、三叶、移栽、返青、分蘖、拔节、孕穗、抽穗、乳熟、成熟几个阶段。

亚洲是世界水稻种植最集中的大洲,而且从南至北跨越地域范围很广,不同地区的水稻种植制度很不相同,亚洲中北部主要为一季稻,东亚南部、南亚、东南亚等地为一年两熟或三熟,因此播种期和收获期差异较大。

东亚中部和北部(如中国西南、东北、长江中下游地区)一季稻一般 4—5 月播种,8—9 月成熟收获;东亚南部(如中国江南、华南地区)为双季稻,早稻一般 3—4 月播种,6—7 月收获,晚稻连作,10—11 月成熟收获。

印度主茬稻一般 5—6 月播种,9—10 月收获;孟加拉国水稻播种较印度略早,3—4 月就开始播种,9—11 月收获;巴基斯坦一般 6 月中旬—7 月上旬播种,10 月中下旬收获。

东南亚全年均可种植水稻,一年两熟或三熟,但以双季稻为主。越南主茬稻 4—6 月播种,9—11 月收获(一般称夏—秋季稻),另一季 12 月—次年 2 月播种,4—6 月收获(一般称冬—春季稻)。泰国、缅甸等一般 5—6 月播种,11—12 月收获(约占90%);另一季 12 月下旬播种,次年 3—4 月收获(约占 10%)。印尼主季水稻一般 10 月播种(约占 6 成),次年 3 月收获;另一季是 4 月份播种(约占 4 成),9 月收获。

1.3.1.3　玉米

玉米的生育期一般为 4~5 个月(110~150 d),低纬度偏长,高纬度偏短。在玉米种植北界和南界,也就是较高纬度地带,适播期变幅较小,在中纬度地带有一至两个月的变幅,在赤道附近的热带地区变幅更大,有的地区全年均有种植。玉米生育期一般包括播种、出苗、三叶、七叶、拔节、抽雄、开花、吐丝、乳熟、成熟几个阶段。

亚洲

亚洲玉米种植最为复杂,其中以东亚的中国最为典型,中国从南到北均可种植玉米,南北方物候期差异较大,北方春玉米一般 5 月播种,夏玉米一般 6 月播种,均是 9月成熟,南方春玉米一般 3 月播种,8 月成熟。东南亚中南半岛大部一般为 5 月播种,部分地区可从 3 月中旬一直持续到 6 月中旬。南亚的印度半岛一般在 6 月中下旬播种(可 6—12 月),巴基斯坦一般从 6 月下旬至 8 月上旬(可 4—8 月),10—12 月收获,甚至持续至次年 1 月。

欧洲

由于地处较高纬度,适播期较短,南北大致相差一个月,最早一般从 4 月下旬开始,至 6 月上旬结束,总体上 5 月为大范围播种期;一般西部和南部略早,东部和北部略晚。欧洲东部最适宜播种期是 4 月下旬至 5 月中旬,欧洲南部最适宜播种期是 5月中旬至 6 月上旬,均是 9 月中下旬成熟。法国一般于 4 月上旬即陆续开始播种,9月中下旬成熟。乌克兰一般于 4 月下旬,俄罗斯一般于 5 月上旬播种,9 月上中旬成熟。

北美洲

玉米播种、收获均是自南向北逐步展开,但适播期相对比较集中。美国南部、墨西哥湾沿岸地区一般 4 月播种,美国中西部玉米带一般于 4 月下旬至 5 月中旬播种,加拿大东南部玉米一般在 5 月中下旬播种，大部于 9 月下旬至 10 月成熟收获。

南美洲

南美洲赤道以南地区玉米播种期一般从 9 月上旬至 12 月中下旬均有播种，成熟期一般为次年 3—4 月。巴西玉米有两季，头季（主季）玉米一般为 10 月播种，次年 3 月成熟；阿根廷自南向北逐渐推迟，一般 10—11 月均有播种，4 月成熟。

非洲

非洲南北疆域跨越较大，地形复杂，气候多样，因此各地玉米物候期差异较大；赤道以北一般 8—9 月左右成熟，赤道以南一般 3—4 月左右成熟。

环地中海的北部非洲一般为 2 月即开始播种，7 月中旬至 8 月上旬成熟，埃及一般 9 月下旬至 10 月上旬成熟。尼日利亚北部、苏丹、埃塞俄比亚等赤道以北地区一般为 5—6 月播种，9 月左右成熟收获。尼日利亚南部、肯尼亚北部等地一般 4 月左右播种，8 月左右成熟。肯尼亚南部、坦桑尼亚等赤道附近地区一般在 2 月上旬至 3 月上旬播种（雨季中后期），7 月左右成熟。赞比亚、安哥拉、南非等南部非洲一般为 10 月中旬至 12 月上旬播种，次年 3—4 月收获，偏北部略早，偏南部略晚；其中南非一般 11 月中旬至 12 月上旬播种，4 月左右成熟。

1.3.1.4　大豆

大豆生育期差别较大，温带地区生育期较长，一般 4～5 个月，高纬和低纬地区生育期略短，一般 3～4 个月；高纬和温带地区一般为春播，中低纬地区一般为夏播。大豆生育期一般分为播种、出苗、三叶、分枝、开花、结荚、鼓粒、成熟几个阶段。

亚洲

亚洲偏北部地区一般 5 月播种，9 月成熟；东亚中南部夏播大豆一般 6 月播种，10 月成熟；南亚北部和西部、中亚大部一般 5 月下旬至 6 月播种，9 月成熟，南亚南部一般 7 月播种，10 月成熟；东南亚一般 7—8 月播种，10 月成熟。

北美洲

大豆播种期较为集中，一般于 5 月播种。加拿大南部、美国北部春季回温慢，一般于 5 月下旬播种，美国地理单元中的中西部（即玉米带）一般于 5 月中下旬播种，南部一般于 5 月下旬至 6 月上旬播种，一般于 10 月左右成熟，北部略早（9 月中下旬），南部略晚（10 月中下旬）。

南美洲

南美洲北部一般于 8—9 月播种，12 月—次年 1 月成熟；巴西一般 11—12 月播种，次年 4 月左右成熟；阿根廷中北部一般于 12 月上中旬播种，次年 4—5 月成熟。

1.3.1.5　甘蔗

甘蔗生育期一般 10～11 个月，少量短至 7 个月，长至 18 个月。甘蔗播种以后主要包括萌芽期、幼苗期、分蘖期、伸长期和成熟期五个阶段（谭宗琨，2011），其中萌芽至幼苗期约 2 个月,分蘖期约 2 个月,伸长盛期一般 4 个月,甘蔗的工艺成熟期一般 3 个月,此时糖分开始积累直至植株停止生长(甘蔗全熟)。甘蔗的生理成熟期指甘蔗植株进行花芽分化、孕穗、抽穗、开花和结实的过程,此时蔗糖减少,蔗汁品质下降,蔗茎空心、重量下降(谭宗琨,2011)。甘蔗成熟期一般指工艺成熟。

由于甘蔗一年四季均可种植,而且为多年生植物,宿根蔗占有较大比重,因此全球主产蔗区甘蔗的播种期和收获期均很长。一般春植蔗、冬植蔗的栽培方式最佳,种植最多。

亚洲

中国南方甘蔗一般 2—4 月播种,11 月—次年 4 月收获;印度、泰国一般 1—3 月种植,12 月—次年 3 月收获。

美洲

巴西有两个蔗区,中南部甘蔗一般于每年 5—10 月种植,次年 5—10 月收获(Monteiro 和 Sentelhas,2014);东北部 9—次年 3 月种植,次年 9 月—第二年 3 月收获。

古巴以春植蔗为主,一般 1—6 月种植,12 月—次年 5 月收获。

美国佛罗里达、路易斯安那、得克萨斯等南部几州、墨西哥环墨西哥湾东南部甘蔗和我国甘蔗种植季大致相同,一般于 2—4 月播种,11 月—次年 4 月收获。

大洋洲

澳大利亚甘蔗一般于每年 4—5 月和 7—9 月种植,次年 6—11 月收获。

1.3.2　全球重要产粮区各月作物发育期

1 月

美国、欧洲、中亚、中国北方等地区冬小麦处于越冬期。墨西哥、印度、中国南方冬小麦仍在缓慢生长,印度部分地区小麦开始孕穗。中国长江中下游油菜处于第五真叶至移栽成活阶段,西南地区油菜开始现蕾抽薹(图 1.36)。

巴西大豆处于分枝至开花结荚阶段,阿根廷大豆也处于分枝至开花阶段,但发育期略晚于巴西;巴西头季玉米和阿根廷玉米大部处于开花至吐丝阶段。

北非小麦处于分蘖至拔节阶段,南非玉米处于抽雄吐丝阶段。中国、印度、泰国、美国、墨西哥等北半球地区甘蔗处于收获阶段。

2 月

美国、欧洲、中亚、中国北方等地区冬小麦仍处于越冬期。印度冬小麦处于孕穗抽穗至开花阶段。中国南方冬小麦处于分蘖拔节至抽穗开花阶段;中国长江中下游油菜处于现蕾抽薹至开花阶段(图 1.37)。

巴西大豆处于开花结荚至鼓粒阶段,阿根廷大豆处于开花结荚阶段;巴西头季玉米处于结实灌浆至乳熟阶段,二季玉米播种出苗,阿根廷玉米处于结实灌浆阶段。

北非小麦处于拔节至孕穗阶段;南非玉米处于吐丝至灌浆阶段。

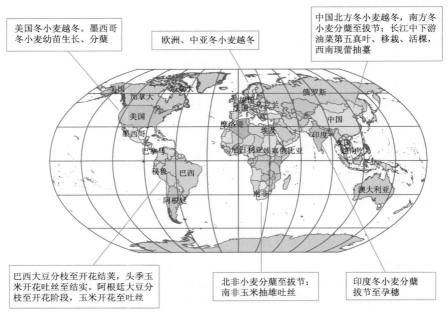

图 1.36　1 月全球主要在地农作物发育期

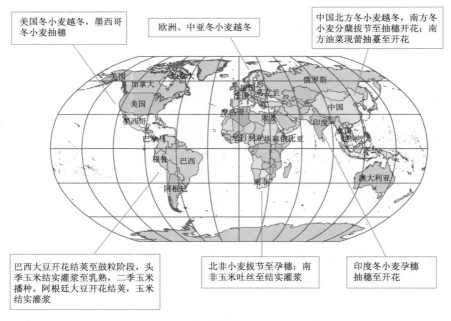

图 1.37　2 月全球主要在地农作物发育期

中国、印度、泰国、美国、墨西哥等地甘蔗收获,新植蔗播种出苗。

3 月

美国、欧洲、中亚、中国北方等地区大部冬小麦处于萌动返青阶段。印度冬小麦处于抽穗开花至乳熟阶段。中国南方冬小麦处于孕穗抽穗至开花阶段;南方油菜处于盛花阶段;南方早稻处于播种育秧阶段(图 1.38)。

巴西大豆处于鼓粒阶段,部分已收获,阿根廷大豆处于鼓粒阶段;巴西头季玉米处于收获阶段,二季玉米进入拔节至抽雄开花阶段,阿根廷玉米大部处于灌浆乳熟阶段,部分开始收获。

北非小麦处于抽穗开花阶段;南非玉米处于灌浆乳熟阶段,部分开始收获。

中国、印度、泰国、美国、墨西哥等北半球地区甘蔗处于收获阶段,新植蔗播种出苗,由热带区向亚热带区逐步展开。

图 1.38　3 月全球主要在地农作物发育期

4 月

美国冬小麦处于拔节至孕穗阶段,春小麦、玉米于 4 月下半月开始播种。欧洲、中亚冬小麦处于返青至拔节阶段,局地春玉米于 4 月下半月开始播种(图 1.39)。

中国北方冬小麦大部处于拔节至抽穗阶段,部分进入开花期,南方冬小麦处于开花至乳熟阶段,云南开始收获;中国南方油菜处于开花至绿熟阶段;南方早稻处于播种育秧、移栽、分蘖阶段;一季稻、棉花等开始播种。

印度冬小麦处于大范围收获阶段,部分地区开始水稻播种。

巴西大豆处于大范围收获阶段,阿根廷大豆处于乳熟至成熟收获阶段;巴西二季玉米处于开花至吐丝阶段,阿根廷玉米大范围收获。

北非小麦处于结实灌浆阶段,部分开始收获;南非玉米处于收获阶段。

澳大利亚冬小麦4月下半月开始播种。

美国、墨西哥、中国甘蔗收榨进入扫尾阶段。

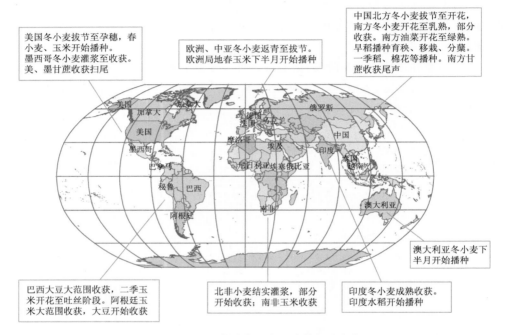

图 1.39　4 月全球主要在地农作物发育期

5 月

美国冬小麦处于孕穗、抽穗至开花阶段,春小麦处于播种出苗至分蘖阶段,玉米、大豆大范围播种;加拿大春小麦大范围播种出苗(图 1.40)。

欧洲、中亚冬小麦处于孕穗抽穗阶段,春小麦、春玉米处于播种出苗至幼苗生长阶段。

中国北方冬小麦大部处于开花至乳熟阶段,南方冬小麦处于成熟收获阶段;中国南方油菜处于收获阶段;南方早稻处于分蘖至拔节阶段;一季稻处于秧苗生长、移栽、分蘖阶段;东北地区玉米、大豆处于大范围播种阶段。

印度水稻处于播种育秧阶段。

巴西二季玉米处于结实灌浆阶段,阿根廷大豆处于成熟收获阶段。巴西中南部甘蔗开始收获,将一直持续至 10 月。

北非小麦和南非玉米处于成熟收获阶段。

中国北方冬小麦开花至乳熟，南方成熟收获。南方油菜收获；早稻分蘖至拔节。一季稻育秧、移栽、分蘖。东北春玉米、大豆播种

加拿大春小麦大范围播种出苗

欧洲、中亚冬小麦孕穗抽穗。欧洲春小麦、春玉米播种出苗，幼苗生长

美国冬小麦孕穗抽穗至开花，大豆、玉米大范围播种。美国春小麦播种出苗至分蘖

澳大利亚冬小麦播种出苗

巴西二季玉米结实灌浆。阿根廷大豆收获。巴西中南部甘蔗开始收获，一直延续至10月

北非小麦收获；南非玉米收获

印度水稻播种育秧

图 1.40　5 月全球主要在地农作物发育期

澳大利亚冬小麦处于播种出苗阶段。

6 月

美国冬小麦处于结实灌浆至乳熟成熟阶段，春小麦处于拔节至孕穗抽穗阶段，玉米处于拔节至抽雄阶段，大豆处于分枝至开花阶段；加拿大春小麦大部处于分蘖至拔节阶段，部分进入孕穗期（图 1.41）。

欧洲、中亚冬小麦处于抽穗开花阶段，春小麦处于拔节至孕穗阶段，春玉米处于拔节至抽雄开花阶段。

中国北方冬小麦处于成熟收获阶段，夏玉米、夏大豆处于播种出苗阶段；春玉米处于三叶至拔节阶段，春大豆处于第三真叶至分枝阶段；棉花处于现蕾至开花阶段；南方早稻处于孕穗抽穗至乳熟阶段；一季稻处于分蘖至拔节阶段。

印度水稻处于移栽至分蘖阶段。

巴西二季玉米处于结实灌浆至成熟收获阶段。

澳大利亚冬小麦处于播种出苗至分蘖阶段；甘蔗开始收榨，将一直持续至 11 月。

7 月

美国冬小麦处于成熟收获阶段，春小麦处于开花至结实灌浆阶段，玉米处于抽雄开花至吐丝阶段，大豆处于开花结荚阶段。加拿大春小麦处于孕穗抽穗至开花阶段（图 1.42）。

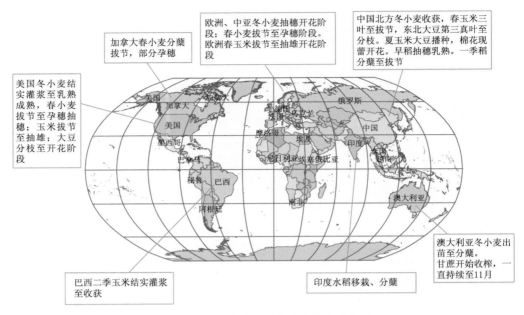

加拿大春小麦分蘖拔节，部分孕穗

欧洲、中亚冬小麦抽穗开花阶段；春小麦拔节至孕穗阶段。欧洲春玉米拔节至抽雄开花阶段

中国北方冬小麦收获，春玉米三叶至拔节，东北大豆第三真叶至分枝。夏玉米大豆播种，棉花现蕾开花。早稻抽穗乳熟。一季稻分蘖至拔节

美国冬小麦结实灌浆至乳熟成熟，春小麦拔节至孕穗抽穗；玉米拔节至抽雄；大豆分枝至开花阶段

巴西二季玉米结实灌浆至收获

印度水稻移栽、分蘖

澳大利亚冬小麦出苗至分蘖。甘蔗开始收榨，一直持续至11月

图 1.41　6 月全球主要在地农作物发育期

加拿大春小麦孕穗抽穗至开花

欧洲、中亚冬小麦灌浆乳熟至成熟收获；春小麦抽穗开花。欧洲春玉米抽雄开花至吐丝

中国北方春玉米拔节吐丝，东北大豆开花结荚。夏玉米拔节、大豆分枝至开花结荚，棉花开花。早稻收获，晚稻播种育秧。一季稻拔节至抽穗

美国冬小麦成熟收获；春小麦开花至结实灌浆；玉米抽雄开花至吐丝阶段；大豆开花结荚

巴西二季玉米收获

印度水稻分蘖、拔节

澳大利亚冬小麦分蘖

图 1.42　7 月全球主要在地农作物发育期

欧洲、中亚冬小麦处于灌浆乳熟至成熟收获阶段,春小麦处于抽穗开花阶段,春玉米处于抽雄开花至吐丝阶段。

中国北方夏玉米处于拔节阶段,夏大豆处于分枝至开花结荚阶段;北方春玉米处于拔节至吐丝阶段,春大豆处于开花结荚阶段;棉花处于开花阶段;南方早稻处于成熟收获,晚稻处于播种育秧阶段;一季稻处于拔节至抽穗阶段。

印度水稻处于分蘖至拔节阶段。

巴西二季玉米处于成熟收获阶段。

澳大利亚冬小麦处于分蘖阶段。

8 月

美国春小麦大部处于灌浆至乳熟阶段,部分成熟收获,玉米处于结实灌浆阶段,大豆处于开花结荚至鼓粒阶段。加拿大春小麦处于结实灌浆至乳熟阶段(图 1.43)。

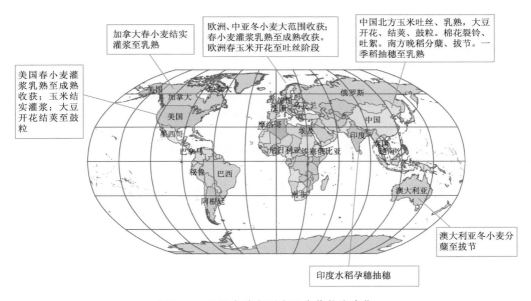

图 1.43　8 月全球主要在地农作物发育期

欧洲、中亚冬小麦处于大范围成熟收获阶段,春小麦处于灌浆乳熟至成熟收获阶段,春玉米处于开花至吐丝阶段。

中国北方玉米处于吐丝至乳熟阶段,大豆处于开花结荚至鼓粒阶段;棉花处于裂铃、吐絮阶段;南方晚稻处于分蘖至拔节阶段;一季稻处于抽穗至乳熟阶段。

印度水稻处于孕穗抽穗阶段。

澳大利亚冬小麦处于分蘖至拔节阶段。

9 月

美国玉米处于灌浆乳熟至成熟收获阶段,大豆处于鼓粒至成熟收获阶段,冬小麦开始播种。加拿大春小麦处于成熟收获阶段(图1.44)。

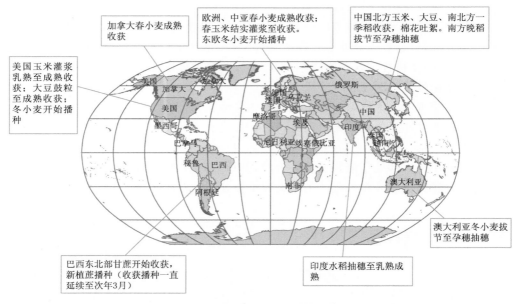

图 1.44　9月全球主要在地农作物发育期

欧洲、中亚春小麦处于成熟收获阶段,春玉米处于结实灌浆至成熟收获阶段,东欧冬小麦开始播种。

中国北方玉米和大豆、南北方一季稻处于成熟收获阶段;棉花处于吐絮阶段;南方晚稻处于拔节至孕穗抽穗阶段。

印度水稻处于抽穗至乳熟成熟阶段。

巴西东北部甘蔗进入收榨阶段,新植蔗开始播种,甘蔗收获和播种将一直持续至次年3月。

澳大利亚冬小麦处于拔节至孕穗抽穗阶段。

10月

美国玉米、大豆进入普遍成熟收获阶段,冬小麦处于播种出苗及幼苗生长阶段。加拿大春小麦收获进入尾声(图1.45)。

欧洲、中亚春玉米大范围成熟收获;西欧冬小麦开始播种。

中国北方冬小麦、南方油菜进入大范围播种出苗阶段;南方晚稻抽穗开花至乳熟成熟阶段。

印度水稻处于成熟收获阶段,冬小麦开始播种。

巴西头季玉米开始播种;阿根廷玉米处于播种出苗阶段。

澳大利亚冬小麦处于抽穗开花至乳熟阶段。

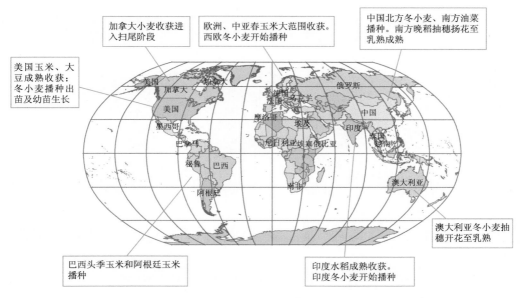

加拿大小麦收获进入扫尾阶段

欧洲、中亚春玉米大范围收获。西欧冬小麦开始播种

中国北方冬小麦、南方油菜播种。南方晚稻抽穗扬花至乳熟成熟

美国玉米、大豆成熟收获；冬小麦播种出苗及幼苗生长

巴西头季玉米和阿根廷玉米播种

印度水稻成熟收获。印度冬小麦开始播种

澳大利亚冬小麦抽穗开花至乳熟

图 1.45　10 月全球主要在地农作物发育期

11 月

美国、欧洲、中亚和中国北方冬小麦处于幼苗生长和冬前分蘖阶段（图 1.46）。中国南方油菜处于第五真叶至移栽阶段；南方晚稻处于成熟收获阶段。

印度水稻处于成熟收获阶段，冬小麦处于播种出苗至分蘖阶段。

巴西和阿根廷玉米处于幼苗生长至拔节阶段，大豆开始播种。

澳大利亚冬小麦处于灌浆乳熟至成熟阶段。

美国南部、墨西哥、中国南部甘蔗开始收获，一直持续至次年 4 月。

12 月

美国、欧洲、中亚和中国北方冬小麦处于越冬阶段（图 1.47）。

中国南方油菜处于第五真叶至移栽成活阶段，西南地区开始现蕾。

印度冬小麦处于分蘖至拔节阶段；甘蔗开始收获，将一直持续至次年 3 月。

巴西和阿根廷玉米处于抽雄开花至吐丝阶段，大豆处于出苗至分枝阶段。

澳大利亚冬小麦处于成熟收获阶段。

美国冬小麦幼苗生长，冬前分蘖。美国、墨西哥甘蔗收获，持续至次年4月

欧洲、中亚冬小麦冬前分蘖生长

中国北方冬小麦分蘖，南方油菜第五真叶、移栽。南方晚稻成熟收获。南方甘蔗收获，持续至次年4月

澳大利亚冬小麦灌浆乳熟至成熟

巴西、阿根廷玉米幼苗生长至拔节，大豆开始播种

印度水稻成熟收获。印度冬小麦播种出苗至分蘖

图 1.46 11月全球主要在地农作物发育期

美国冬小麦越冬，墨西哥小麦播种

欧洲、中亚冬小麦越冬

中国北方冬小麦越冬，南方油菜处于第五真叶、移栽、活棵阶段，部分现蕾

澳大利亚冬小麦成熟收获

巴西、阿根廷玉米抽雄开花至吐丝阶段。巴西、阿根廷大豆出苗至分枝阶段

印度冬小麦分蘖至拔节。印度甘蔗开始收榨，一直持续至次年3月

图 1.47 12月全球主要在地农作物发育期

第2章　全球农业气候资源与气候生产潜力

2.1　全球农业气候资源

　　农业气候资源是农作物种植分布和产量水平的决定因素,气温和降水又是两个最重要的气候因子。本节分别从年、季、月尺度上整理了全球气温和降水量两个要素,为全球农业气象业务服务提供背景参考信息。

　　本节所用数据基于英国的东英吉利大学(University of East Anglia,简称 UEA)气候研究中心(Climatic Research Unit,简称 CRU)的 $0.5°\times0.5°$ 气象要素数据库,该套数据起始于 1901 年,时间分辨率为月,覆盖南极洲以外的全球陆地(因此能覆盖全球农区),沙漠和高原均无缺测现象。该数据集不包括卫星观测数据,也没有运用模式同化,仅用数学方法对观测数据进行了整合与插值。本研究采用 CRU 1981—2010 年的 30 a 平均值月数据。

2.1.1　全球年平均气温和降水量空间分布

　　全球年平均气温和降水量具有明显的空间差异性(图 2.1、图 2.2),它是全球大宗作物空间分布的决定性因素(见 1.1.2),因此,宏观了解全球年气候要素的分布特征对于理解全球大宗作物的主要种植分布、同一作物在不同地区的种类差异及其生长的利弊气候条件具有参考意义。

2.1.2　全球季平均气温和降水量空间分布

　　全球各季节平均气温和降水量反映了全球各地的气候差异,对于直观、准确把握全球各地不同农作物生长季内气候异常具有参考意义。

　　3—5 月是北半球的春季,南半球的秋季,是北半球冬作物返青、旺盛生长和产量形成的季节,春播作物开始播种,也是南半球冬作物播种的季节。图 2.3 和 2.4 为全球 3—5 月平均气温和降水量图,关注的重点是北半球的气温和降水异常,如加拿大、美国、中国等地的春季低温、渍涝、霜冻害对春播和作物生长发育的影响。

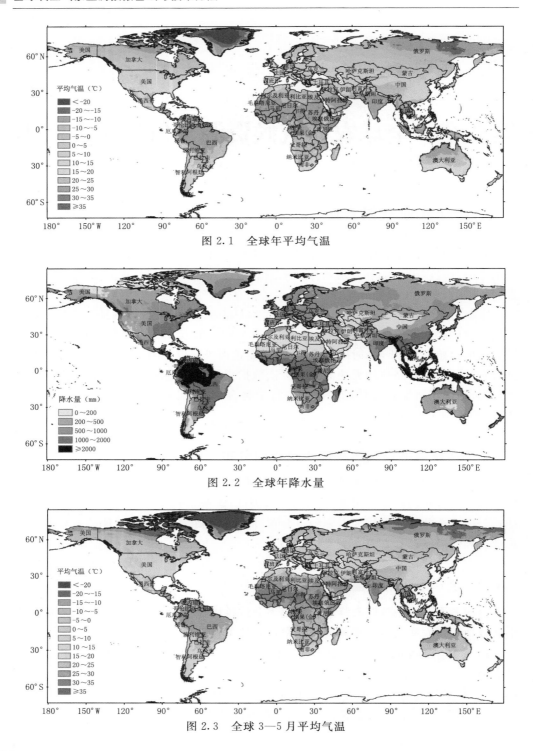

图 2.1　全球年平均气温

图 2.2　全球年降水量

图 2.3　全球 3—5 月平均气温

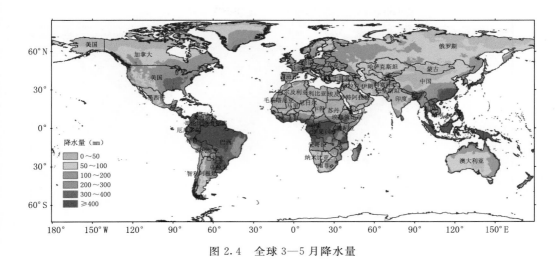

图 2.4　全球 3—5 月降水量

　　6—8 月是北半球的夏季,南半球的冬季。此阶段内北半球冬小麦等已收获(如南亚、东亚、北非等地冬小麦)或进入成熟收获阶段(如北美、欧洲的冬小麦),此阶段也是北半球春播作物的主要生长季,如北美的玉米、大豆、春小麦,欧洲、亚洲的春玉米、春大豆和春小麦,同时夏玉米、大豆等作物播种并快速生长。此阶段内,南半球冬作物进入越冬期,处于缓慢生长阶段或停长。图 2.5 和 2.6 为全球 6—8 月平均气温和降水量图,关注的重点是北美、欧洲、亚洲等地的降水异常而导致的旱涝灾害。

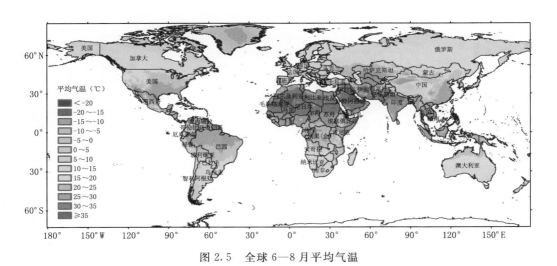

图 2.5　全球 6—8 月平均气温

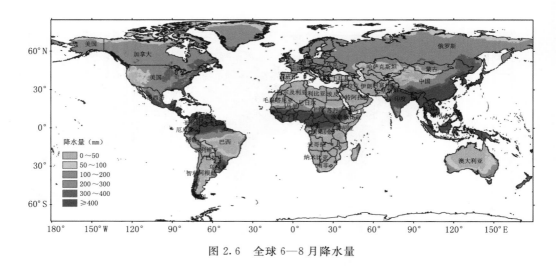

图 2.6　全球 6—8 月降水量

9—11 月是北半球的秋季,南半球的春季。此阶段内北半球玉米、大豆和部分水稻等作物收获,冬小麦进入播种期;南半球的玉米、大豆等作物播种,冬小麦等越冬作物进入产量形成和成熟收获阶段。图 2.7 和 2.8 为全球 9—11 月平均气温和降水量图,关注的重点是北美、欧洲、亚洲等地的降水异常而导致的旱涝灾害。

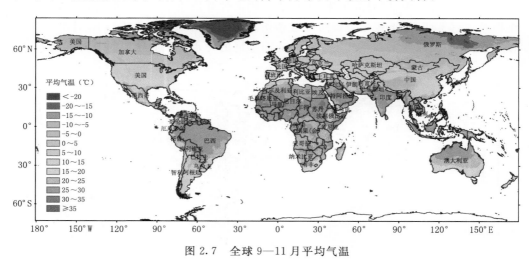

图 2.7　全球 9—11 月平均气温

12—2 月是北半球的冬季,南半球的夏季。此阶段内北半球秋播作物进入越冬期;南半球的玉米、大豆等进入旺盛生长季,冬小麦等成熟收获。图 2.9 和图 2.10 为全球 12—2 月平均气温和降水量图,关注的重点是南美、南非等地的降水异常而导致的旱涝灾害。

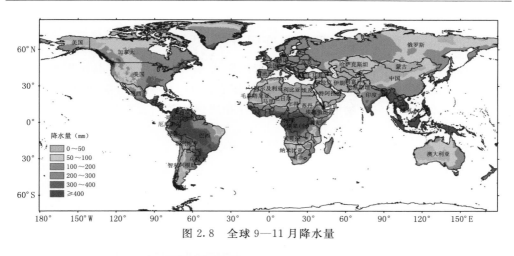

图 2.8　全球 9—11 月降水量

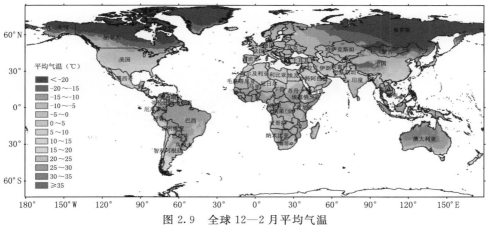

图 2.9　全球 12—2 月平均气温

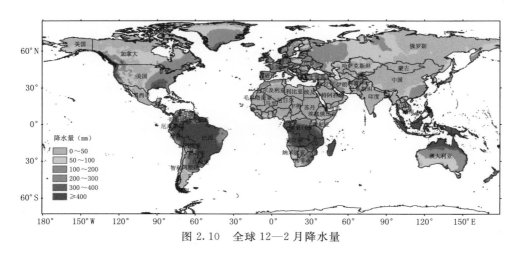

图 2.10　全球 12—2 月降水量

2.1.3　全球月平均气温和降水量空间分布

全球各月气温和降水具有明显的地带性,随着季节更替全球气温和降水具有明显的时空变化特征。本节描述了全球不同区域农区 1—12 月的气温和降水状况,对于了解全球不同区域农作物的播种、生长发育和成熟收获的天气气候条件及灾害性天气具有参考意义。

1 月

1 月,北半球最冷月份。北美中北部、北亚、中亚北部、中国北部平均气温都在 0 ℃以下,其中加拿大、俄罗斯亚洲区域、哈萨克斯坦、蒙古、中国青藏高原和东北地区等区域大部平均气温在 -10 ℃以下(图 2.11);美国中北部、东欧、中亚、中国长江以北等区域大部平均气温在 0~10 ℃;美国南部、拉丁美洲、西欧、非洲、西亚、南亚、东南亚、大洋洲等区域大部都在 0 ℃以上,其中南美、非洲、南亚、东南亚、大洋洲等地大部在 10~30 ℃。

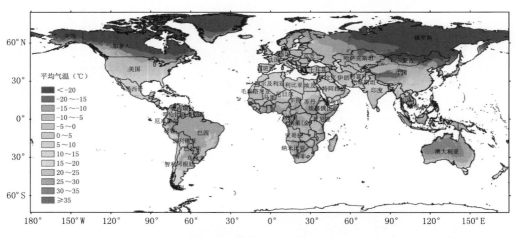

图 2.11　全球 1 月平均气温

1 月,北半球降水少,南半球降水多(图 2.12)。其中,北美洲东部和西部沿海、欧洲西部和南部、中国东南部等地大部降水一般有 50~100 mm;南美洲大部、非洲南部、中南半岛以外的东南亚地区、大洋洲北部降水量在 100~300 mm,其中亚马孙平原、马达加斯加岛、马来群岛、大洋洲北部等地的部分地区在 300 mm 以上;加拿大内陆大部、美国中西部大部、南美洲南部、非洲北部、欧洲东部、亚洲大部、澳大利亚南部降水量不足 50 mm,大部地区在 25 mm 以下。

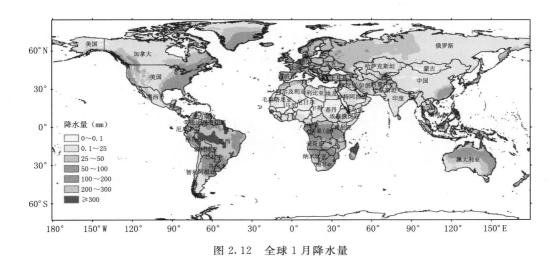

图 2.12　全球 1 月降水量

2 月

2 月,北半球气温开始回升,0 ℃以下各温度线略往北抬。北美北部、北亚、欧洲东部、中国北部和青藏高原等地平均气温在 0 ℃以下(图 2.13);美国大部、欧洲西部和南部、中亚、中国中东部大部平均气温在 0 ℃以上;南美、非洲、南亚、东南亚、大洋洲等地大部在 15～30 ℃。

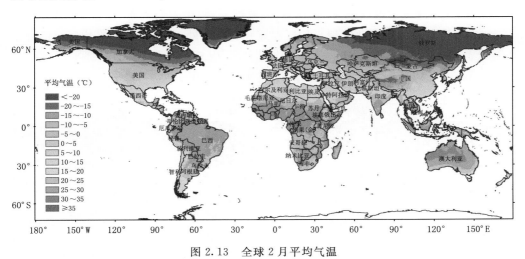

图 2.13　全球 2 月平均气温

2 月,全球降水特征和 1 月类似,仍然呈现北半球降水少,南半球降水多的特点(图 2.14),累计降水量及其空间分布变化不大。其中,北美洲东部和西部沿海、欧洲西部和南部、中国东南部、日本等地大部降水一般有 50～100 mm;南美洲大部、非洲南部、中南半岛以外的东南亚地区、大洋洲北部降水量在 100～300 mm,其中亚马孙平原、马达加斯加岛、马来群岛、大洋洲北部等地的部分地区在 300 mm 以上;加拿大内陆大部、美国中西部大部、南美洲南部、非洲北部、欧洲东部、亚洲大部、澳大利亚南部降水量不足 50 mm,大部地区在 25 mm 以下。

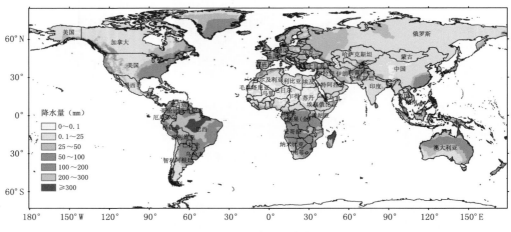

图 2.14　全球 2 月降水量

3 月

　　3 月,北半球气温继续回升,除加拿大、欧洲北部、俄罗斯大部、哈萨克斯坦北部、蒙古、中国青藏高原和东北等地平均气温在 0 ℃以下外,北半球大部平均气温已升至 0 ℃以上(图 2.15)。其中,美国大部、欧洲大部、中亚、中国中东部大部平均气温在 0～15 ℃;南美、非洲、南亚、东南亚、大洋洲等地大部在 15～30 ℃。

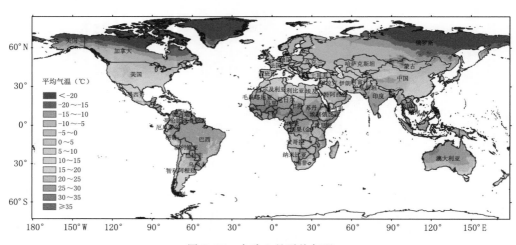

图 2.15　全球 3 月平均气温

3月,全球降水带略有北移北扩趋势,仍然北半球降水偏少,南半球降水偏多(图2.16)。与 2 月相比,北美洲东部、欧洲西部和南部、中国东南部、日本、中南半岛等地降水增多,累计降水量一般有 50～200 mm;南美大部、非洲中部和南部、马来群岛、大洋洲北部等地降水量有 100～300 mm,其中亚马孙平原、非洲中部、马来群岛等地降水略有增多,非洲南部、澳大利亚北部雨带北移,降水减少;加拿大内陆大部、美国西部大部、南美洲南部、非洲北部、欧洲东部、亚洲大部、澳大利亚中部和南部降水量不足 50 mm,大部地区在 25 mm 以下。

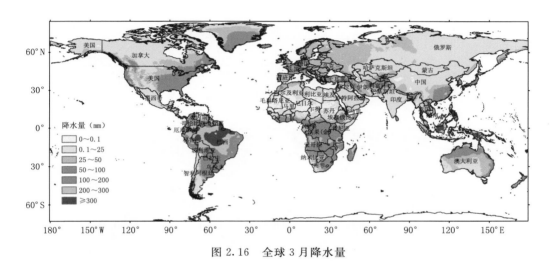

图 2.16　全球 3 月降水量

4 月

4月,北半球气温大幅回升,农区大部气温升至 0 ℃以上(图2.17)。其中,加拿大南部、欧洲北部、俄罗斯中部和南部、蒙古北部等地平均气温在 0～10 ℃,美国中北部、欧洲大部、中亚、东亚北部农区平均气温在 5～15 ℃;拉丁美洲、非洲、南亚、东亚南部、东南亚、大洋洲等地大部在 15～30 ℃。

4月,全球降水带继续北移(图2.18)。与 3 月相比,北美洲西部降水减少,东部降水量增多,其中美国大平原北部降水增多比较明显;欧洲北部降水略有减少,南部和东部降水略有增多;东亚东部、中南半岛降水增多。4 月南半球雨带北移明显,南美洲中北部、非洲南部、澳大利亚北部降水明显减少,非洲中部降水增多。北美洲东部、欧洲大部、中亚东部、东亚东部和南部、中南半岛等地累计降水量有 50～200 mm,南美洲中北部、非洲中部、马来群岛、大洋洲北部岛屿降水量一般有 100～300 mm,加拿大内陆大部、美国西部、阿根廷南部、非洲南部和撒哈拉沙漠一带、南亚、西亚、澳大利亚等地大部降水量不足 50 mm,大部地区在 25 mm 以下。

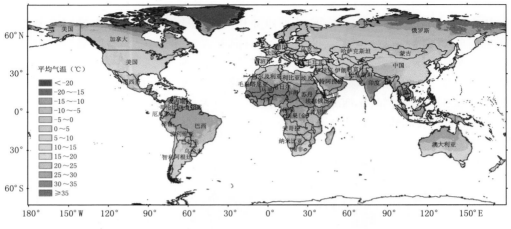

图 2.17　全球 4 月平均气温

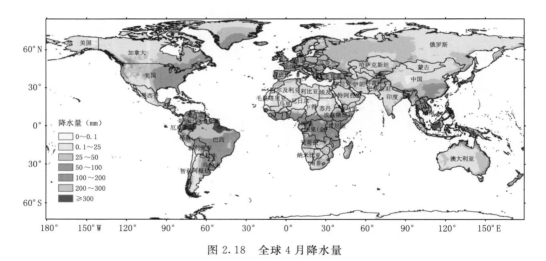

图 2.18　全球 4 月降水量

5 月

5 月,北美洲、欧洲、北亚、中亚、东亚、南美洲中部、澳大利亚中南部的大部农区月平均气温在 5～20 ℃(图 2.19),中美洲、南美洲北部、非洲中北部、南亚、东南亚等地大部在 20～30 ℃。

5 月,全球降水带继续北移。与 4 月相比,北美洲、欧洲、东亚东部和南部、中南半岛降水明显增多;南美洲北部降水增多,中南部降水明显减少;非洲雨带北移,南部非洲降水减少;澳大利亚南部降水增多。北美中北部、欧洲大部、中亚东部、东亚中部和东北部累计降水量一般有 50～100 mm,北美东南部、南美洲北部、非洲中部、东亚南部、东南亚等地累计降水量一般有 100～300 mm,美国西部、巴西东北部、阿根廷南部、撒哈拉及其以北非洲地区和非洲南部、西亚、中亚西部、南亚中部和西部、北亚、东亚北部、澳大利亚内陆地区降水量一般不足 50 mm(图 2.20)。

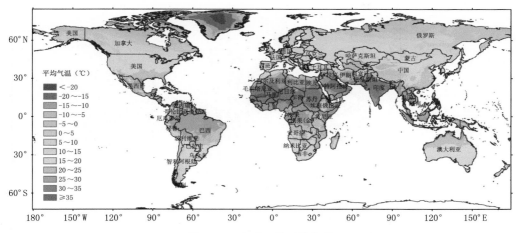

图 2.19　全球 5 月平均气温

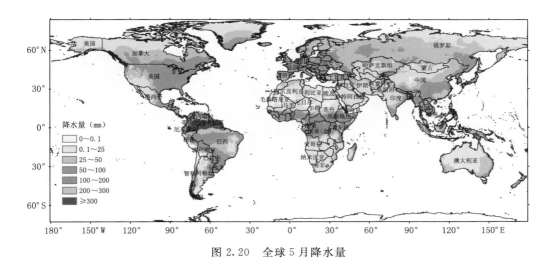

图 2.20　全球 5 月降水量

6 月

6 月,全球大部农区月平均气温在 10～30 ℃(图 2.21),其中加拿大、俄罗斯、欧洲大部、蒙古、巴西南部和阿根廷北部、非洲南部、澳大利亚等地农区月平均气温一般在 10～20 ℃。

6 月,北半球进入夏季,降水明显增多。北美北部、欧洲、北亚、东亚北部的大部农区累计降水量一般有 50～100 mm,北美东南部、东亚东部和南部、南亚大部、东南亚、非洲中部偏西地区、中美洲和南美洲北部等地一般有 100～300 mm,其中南美洲东北部和南亚东部的部分地区在 300 mm 以上，北美西南部、南美洲中南部、非洲北部、中部偏东以及南部非洲、中亚、西亚、澳大利亚中部和北部等地降水一般不足 25 mm（图 2.22）。

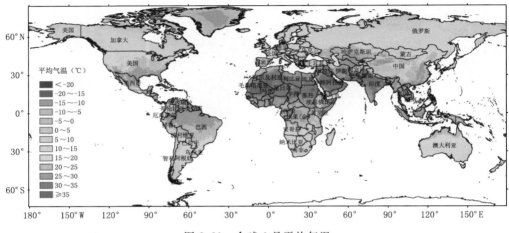

图 2.21　全球 6 月平均气温

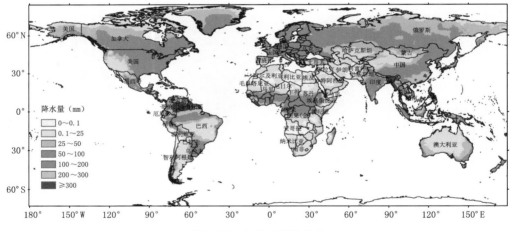

图 2.22　全球 6 月降水量

7 月

7 月，全球大部最热的季节，大部农区月平均气温在 15～30 ℃，仅南美洲南部、非洲南部、澳大利亚中南部等地农区月平均气温在 0～15 ℃（图 2.23）。

7 月，北半球降水进一步增多。北美大部、欧洲、北亚、东亚的大部农区累计降水量一般有 50～200 mm，中美洲、南美洲北部、非洲中部、南亚、东南亚等地一般有 100～300 mm，其中南美洲东北部、非洲西部沿海、印度半岛、中南半岛等地的部分地区在 300 mm 以上，美国西部、南美洲亚马孙平原以南大部、非洲北部、中部偏东以及南部非洲、中亚、西亚、澳大利亚中部和北部等地大部降水量一般不足 25 mm（图2.24）。

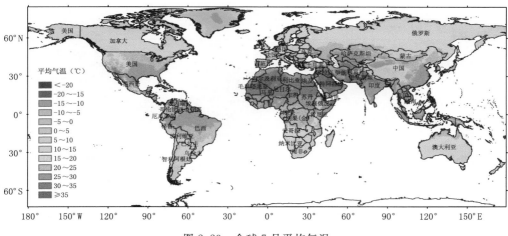

图 2.23　全球 7 月平均气温

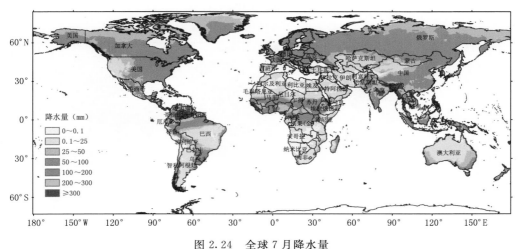

图 2.24　全球 7 月降水量

8 月

　　8 月，全球大部农区月平均气温在 10～30 ℃，南美洲南部、非洲南部、澳大利亚中南部等地农区大部月平均气温在 5～15 ℃（图 2.25）。

　　8 月，北半球降水持续偏多，北美、东亚等地的部分地区降水较 7 月有所减少，非洲中部、南亚、东南亚的部分地区降水增多。北美大部、欧洲、北亚、东亚的大部农区累计降水量一般仍有 50～200 mm，中美洲、南美洲北部、非洲中部、南亚、东南亚等地一般有 100～300 mm,其中南美洲东北部、非洲西部沿海、印度半岛北部、中南半岛等地的部分地区在 300 mm 以上,美国西部、巴西中北部、阿根廷西部和南部、非洲北部、中部偏东以及南部非洲、中亚、西亚、澳大利亚中部和北部等地大部降水量一般不足 25 mm(图 2.26)。

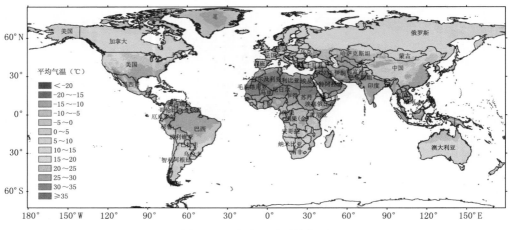

图 2.25　全球 8 月平均气温

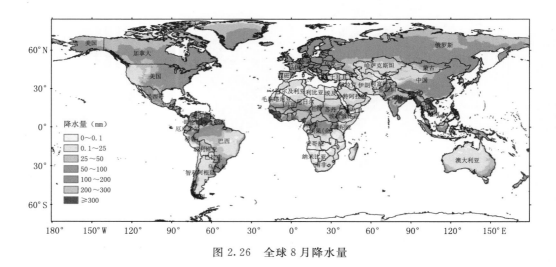

图 2.26　全球 8 月降水量

9 月

9 月,北半球气温下降,南半球气温回升。北美洲北部、欧洲东部和北部、北亚、中亚和东亚北部的农区大部月平均气温降至 5～15 ℃,全球其余农区大部月平均气温在 15～30 ℃(图 2.27)。

9 月,北半球大部降水减少,北美洲中东部、南美洲中部以及欧洲、北亚、东亚的大部农区累计降水量一般有 50～100 mm,局地 50～100 mm,中美洲、南美洲西北部、非洲中部、南亚、东南亚等地一般有 100～300 mm,北美洲西部、南美洲南部、非洲北部、中部偏东以及南部非洲、中亚、西亚、澳大利亚中和北部等地大部降水量一般不足 50 mm,大部地区在 25 mm 以下(图 2.28)。

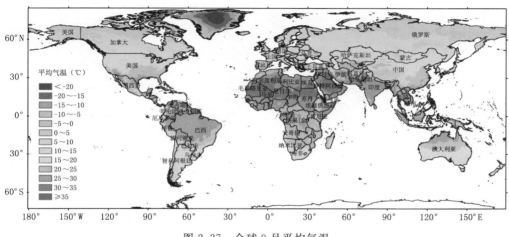

图 2.27　全球 9 月平均气温

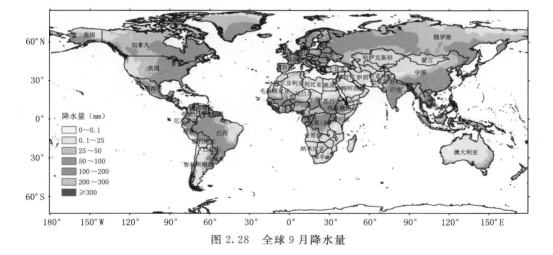

图 2.28　全球 9 月降水量

10 月

10 月,北半球气温继续下降,北美洲北部、欧洲北部、北亚的农区大部月平均气温降至 0～10 ℃,北美洲南部、欧洲、中亚、东亚北部等地月平均气温一般在 5～20 ℃,全球其余农区大部月平均气温在 20～30 ℃(图 2.29)。

10月,北半球降水继续减少,南半球降水增多。北美洲中东部、欧洲西部和南部、东亚东北部和南部累计降水量一般有 50~100 mm,中美洲、南美洲大部、非洲中部偏南、印度半岛南部、东南亚等地一般有 100~300 mm,北美洲中西部、南美洲东南部、非洲北部和西南部、中亚、西亚、南亚西北部、澳大利亚中西部等地的大部地区降水量一般不足 50 mm,大部地区在 25 mm 以下(图 2.30)。

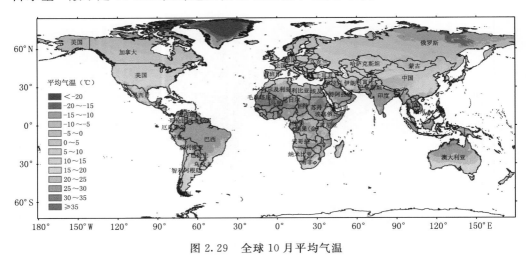

图 2.29　全球 10 月平均气温

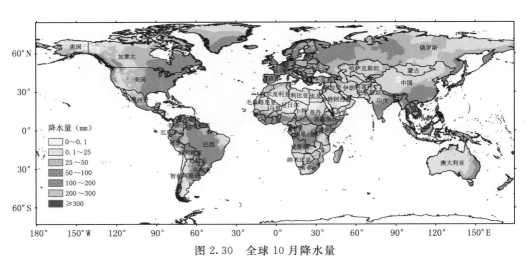

图 2.30　全球 10 月降水量

11 月

11月,北美洲北部、欧洲北部、中亚北部、北亚等地的农区大部月平均气温降至 0 ℃以下,北美洲南部、欧洲大部、中亚、东亚大部月平均气温一般在 0~15 ℃,全球其余农区大部月平均气温在 15~25 ℃(图 2.31)。

11 月,北美洲东部、欧洲西部和南部、东亚东南部、澳大利亚东部等地累计降水量一般有 50~100 mm,南美洲、非洲南部、东南亚等地的大部地区一般有 100~300 mm,北美洲中西部、南美洲东南部、非洲北部、欧洲东部、中亚、西亚、东亚北部、南亚大部、澳大利亚中西部等地的大部地区降水量不足 50 mm(图 2.32)。

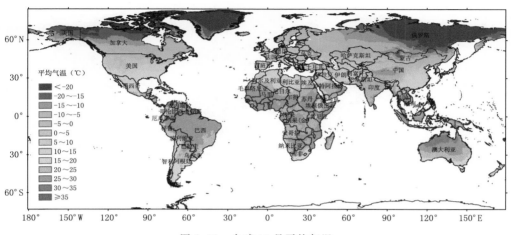

图 2.31　全球 11 月平均气温

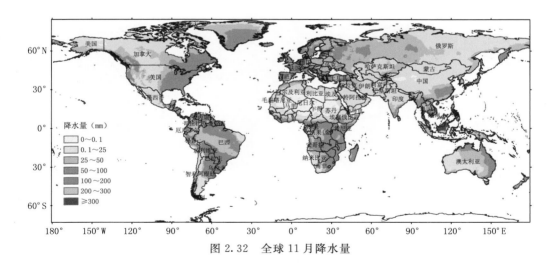

图 2.32　全球 11 月降水量

12 月

12 月,北半球进入冬季,北美洲、欧洲东部和北部、中亚、北亚等地的大部地区月平均气温降至 0 ℃以下,北美洲南部、欧洲西部和南部、中亚南部、东亚东部和南部一般在 0~10 ℃,全球其余农区大部月平均气温在 15~25 ℃(图 2.33)。

12 月,北美洲西部沿海和东部、欧洲西部和南部等地累计降水量一般有 50~100

mm,南美洲、非洲南部、马来群岛、大洋洲北部等地的大部地区一般有 100～300 mm,北美洲中西部大部、南美洲东南部、非洲北部、欧洲东部、中亚、西亚、东亚、南亚、澳大利亚西南部等地的大部地区降水量不足 50 mm,大部地区在 25 mm 以下(图 2.34)。

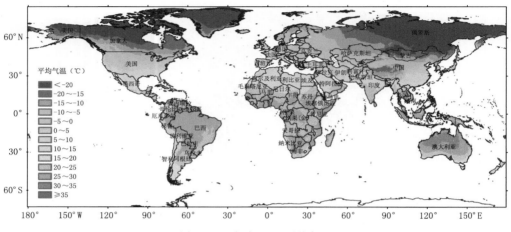

图 2.33　全球 12 月平均气温

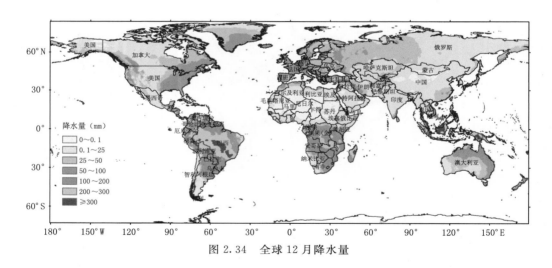

图 2.34　全球 12 月降水量

2.2　全球农业气候生产潜力

农业气候生产潜力(agriclimatic potential productivity)是以气候条件来估算的农业生产潜力,即在当地自然的光、热、水等气候因素作用下,假设作物品种、土壤肥力、栽培技术和作物群体结构都处于最适状态时,单位面积可能达到的最高产量。农业气候生产潜力取决于光、温、水三要素的数量及其相互配合协调的程度,是评价农业气候资源的依据之一(信乃诠和王立祥,1998)。一个地区的气候生产潜力不仅可以直接反映该地区的气候生产力水平和光、温、水资源配合协调的程度及其地区差异,而且可以分析出不同要素对生产力影响的大小,从而找出一个地区或某种作物生产中的主导限制因素(江爱良,1990)。此外,通过对气候生产潜力与实际产量的对比,可以了解在目前农业生产条件下气候生产潜力发挥的程度,进而综合反映该地农业生产技术水平的高低及地区间差异(王宗明等,2005)。

农业气候生产潜力因光、温、水条件及其组合状况的不同而不同,估算时可分别计算光合生产潜力、光温生产潜力和气候生产潜力。由于气候生产潜力能比较准确地描述农作物在理想气候状态下的最大产量,通过研究气候生产潜力变化规律及其主要影响因子,不仅可以反映出全球主要农区农业气候生产潜力水平与光、温、水资源配合协调的程度及地区差异,而且对提高土地生产力水平,指导当地农牧业生产具有重要的意义(赵俊芳等,2019)。

本节利用全球高时空分辨率气象格点资料和气候生产潜力模型,定量评估了1981—2015 年气候变化对全球主要农区气候生产潜力的影响。研究采用德国气象局全球降水气候中心(Global Precipitation Climatology Centre, 简称 GPCC)的 $0.5°$ × $0.5°$全球降水资料,全球温度资料采用美国国家海洋和大气局(National Oceanic and Atmospheric Administration,简称 NOAA)全球历史气候网络与气候分析监测系统(Global Historical Climate Network and Climate Analysis and Monitoring System)的 $0.5°$ × $0.5°$月平均地面 2 m 处气温数据,时间序列长度均为 1981—2015 年。受全球尺度农作物资料的收集数量所限,研究采用国际通用的 Miami 模型计算获得全球主要农区的气候生产潜力。Miami 模型采用世界五大洲可靠的植被净生产力实测资料和与之匹配的年均温度、年均降水量资料,通过最小二乘法建立净生产力模型进行模拟(Lieth et al. ,1975)。Miami 模型是从植物的生理生态角度出发,指出对植物生长及其生物量形成的主要影响因子是温度和水分,并通过计算该地区的年降雨量和年平均气温等主要气候要素来决定植物的气候生产潜力,计算公式为:

$$NPP_t = 3000/(1 + e^{1.315-0.119t}) \tag{2.1}$$

$$NPP_r = 3000 \times (1 - e^{-0.000664r}) \tag{2.2}$$

$$NPP = \min(NPP_t, NPP_r) \tag{2.3}$$

式中,NPP_t 为由年平均温度决定的气候生产潜力($g \cdot m^{-2} \cdot a^{-1}$);$NPP_r$ 为由年平均降水量决定的气候生产潜力($g \cdot m^{-2} \cdot a^{-1}$);$t$ 为年平均气温($℃$),r 为年降水量(mm);3000 是 Lieth 等(1975)经统计得到的地球自然植物每年在单位面积土地上的最高干物质产量($kg \cdot hm^{-2}$);NPP 为植被气候生产潜力,根据 Liebig 最小因子定律(Lieth et al. ,1975)取二者中较低值作为标准值($g \cdot m^{-2} \cdot a^{-1}$)。

研究以当前全球耕地为研究区,分析当前全球主要农区的农业气候生产潜力及时空演变情况。

2.2.1 全球主要农区气候生产潜力时间演变特征与趋势

1981—2015 年,全球主要农区气候生产潜力呈现较为明显的增长趋势(斜率为 0.007 t·hm^{-2}·a^{-1},$P<0.05$),在 7.68~8.28 t·hm^{-2} 之间波动,平均为 7.97 t·hm^{-2}(图 2.35)。其变异系数(CV)为 1.88%,标准差为 0.15 t·hm^{-2},波动幅度为 0.60 t·hm^{-2},占 35 a 平均值的 7.49%。其中 2000 年、2006 年、2010 年总量相对较大,1982 年、1985 年、1987 年总量相对较小,最大值出现在 2010 年,为 8.28 t·hm^{-2},最小值出现在 1987 年,为 7.68 t·hm^{-2}。这主要是因为在全球变化背景下,全球主要农区的年平均温度得到显著升高,延长了植被生长季,春季植物起始生长的日期提前,秋季落叶期推后,因此气候生产潜力也得到显著增加。

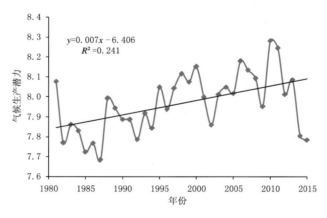

图 2.35 全球主要农区气候生产潜力年际变化(t·hm^{-2})

2.2.2 全球主要农区气候生产潜力年代际变化

对 1981—2015 年每 5 a 的气候生产潜力变化进行分析,结果表明:全球农区在 1981—1985 年、1986—1990 年、1991—1995 年、1996—2000 年、2001—2005 年、2006—2010 年和 2011—2015 年的年平均气候生产潜力分别为 7.85、7.86、7.90、8.06、7.99、8.13 和 7.99 t·hm^{-2}。由此可见,20 世纪 90 年代的后半段以及 21 世纪 00 年代的后半段,气候生产潜力增长明显,其中 20 世纪 90 年代的后半段增加幅度最大(0.16 t·hm^{-2})。对每 10 a 的变化进行计算,发现 20 世纪 80 年代(1981—1990 年)平均气候生产潜力为 7.85 t·hm^{-2},90 年代(1991—2000 年)为 7.98 t·hm^{-2},21 世纪 00 年代(2001—2010 年)为 8.06 t·hm^{-2},21 世纪 10 年代前半段

(2011—2015 年)为 7.99 t·hm^{-2}。

2.2.3　全球主要农区气候生产潜力空间分布特征

从 1981—2015 年 35 a 全球农业气候生产潜力的平均状况来看,全球主要农区气候生产潜力空间分布的基本特点是南高北低,高值区主要集中在东亚、南亚、东南亚、中非、西非、大洋洲南部、南美洲东部和北美洲南部等地(图 2.36)。最高值出现在东南亚,为 28.9 t·hm^{-2}。南美洲东部、非洲中部、亚洲南部等地在 10.1～20.0 t·hm^{-2} 之间。北美洲南部、大洋洲南部、亚洲中部、非洲中部偏北等地在 5.1 t·hm^{-2} 以下。

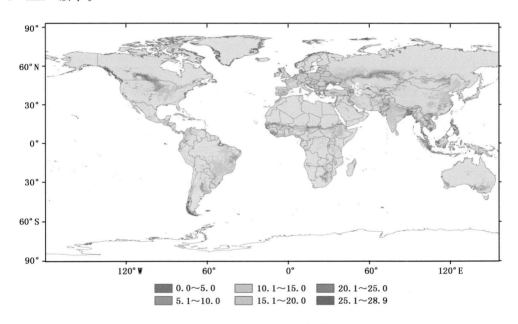

图 2.36　1981—2015 年全球主要农区气候生产潜力空间分布(t·hm^{-2})

2.2.4　气候变化对全球主要农区气候生产潜力的影响

总体上,1981—2015 年气候变化对亚洲和北美洲农区农业生产有利,对欧洲、南美洲、非洲和大洋洲农业生产不利。35 a 间,亚洲西南部、中部和北部以及北美洲中部和东南部等地农区气候生产潜力明显增加,大部分地区增加了 0.00～6.00 t·hm^{-2};亚洲西南部、南美洲巴西南部增加超过 9.00 t·hm^{-2};而欧洲大部分地区、南美洲北部和东部、非洲中部和南部以及大洋洲大部分地区气候生产潜力明显减少,变化幅度在 −7.99～0.00 t·hm^{-2} 之间,部分地区降幅超过 8.00 t·hm^{-2}(图 2.37)。

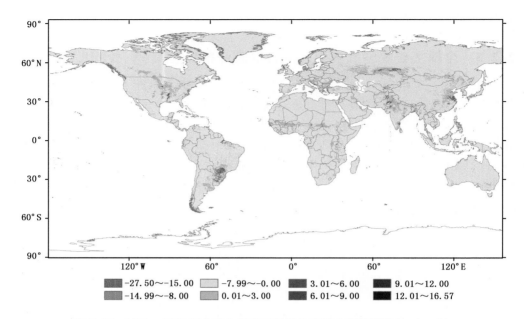

图 2.37　1981—2015 年全球主要农区气候生产潜力演变情况(t·hm⁻²)

　　全球变暖对农业的影响有利也有弊,它给农业带来机会的同时也带来了挑战。气候变暖背景下,寒冷季节将会在一定程度上缩短,温暖和炎热季节将会延长,这有利于改善高纬地区温度条件较差的状况(Morales et al.,2017)。本研究显示,1981—2015 年全球主要农区气候生产潜力呈波动上升趋势,且气候变暖使得欧洲中部和南部等高纬度农业区气候生产潜力明显增加;同时,1981—2015 年期间全球主要农区气候生产潜力年代际变化同年际变化相似,增长也比较明显,其中 20 世纪 80年代和 20 世纪 90 年代之间的增长最显著,这与大气 CO_2 浓度持续增长和 80 年代以来全球气候的异常变暖有密切关系,因为气候变暖使大气中的热量资源增加,有利于促进农作物的生长速度,延长作物的生长季,也可以在一定程度上改变作物的种植制度,使作物在一年内的种植次数增加,生产力得到提高。然而,对一些干旱、半干旱、季节性干旱地区而言,气候变暖会使当地水分蒸发速度加快,加剧干旱程度,导致作物的生长缺乏足够的水分,同时也会使一些作物的生育受到强烈抑制,从而限制作物生产,影响粮食作物的种植和产量;本研究表明,近 35 a 气候变化对北美洲的美国东南部和西北部、亚洲东部的中国中部和东南部、南美洲的巴西东部等部分地区农业产生不利影响,使得这些地区农业气候生产潜力明显减少。

　　本研究选取国际上通用的气候生产潜力 Miami 模型进行高时空分辨率的全球不同农区气候生产潜力评估,该模型充分考虑了光、温、水等条件对植被生物量积累的综合影响,所需参数较少,便于评估全球大尺度气候变化对植物生产力的影响,该模型已经成为当前气候生态领域估算陆地生态系统气候生产潜力的经典模型之一。然而，该模型为统计模型，它仅考虑了水热条件对植被生产力的影响，而未考虑植物所处的土壤、地形等条件，同时，模型还未包含表示植物生理生态学特性的参数，在实际应用中只是植被生产力与气象因子的简单回归，缺乏严密的生理、生态特征及机理支撑依据。由于尺度扩展而带来生理与环境的相互作用的反馈机制的变化异常复杂，故本研究也只是提供一个框架式的分析结果，在兼顾多方面因素的同时不可避免地忽略了对农业气候生产潜力某一组成部分或影响因素的更为细致的研究。但此类研究仍可在一定程度上反映全球主要农业区气候生产潜力的大致发展趋势和变化范围，具有一定的现实意义。今后随着全球尺度作物参数等精细化数据的更新，将会进行更深入的研究。

第3章 全球农业气象灾害风险评估

3.1 全球重要产粮区主要农业气象灾害类型

干旱是导致全球粮食减产的最常见农业气象灾害(图 3.1),在全球各地均有发生,对小麦、玉米、大豆、水稻等各种作物生产均可构成威胁;干旱往往是降水的季节性分配不均引起的,季节性降水不均还往往导致旱涝急转,干旱和洪涝同时威胁粮食生产。在较高纬度地区,秋季早霜冻会对玉米等作物后期灌浆产生影响,导致灌浆不充分而减产,春季晚霜冻则会对小麦等作物生长发育产生影响而导致不同程度的减产。高温主要影响小麦、玉米、水稻等作物生产,如小麦抽穗灌浆期的干热风天气,玉米开花授粉、灌浆结实和水稻抽穗扬花、灌浆等均会对高温敏感,影响结实率和产量。下面就全球不同产粮区的主要农业气象灾害分别论述,以帮助理解和分析全球不同地区主要农业气象灾害对农作物的可能影响。

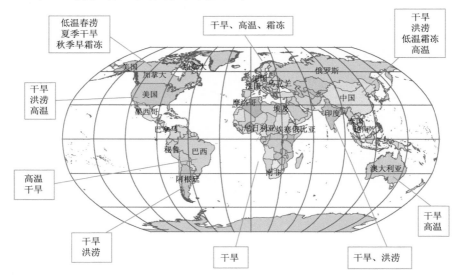

图 3.1 全球重要产粮区主要农业气象灾害

3.1.1　北美洲

3.1.1.1　美国

美国是全球最大的粮食生产国和出口国,小麦、玉米、大豆的产量都很高。干旱是美国最主要的农业气象灾害,美国小麦全生育期都有可能遭遇干旱的威胁,但以秋旱和春旱最为常见,秋旱影响小麦适时播种和播种质量,春旱对小麦拔节、孕穗抽穗及灌浆均可造成不利影响,易导致减产。影响美国玉米和大豆的干旱主要是夏季干旱,一般由于降水的时空分布不均导致,有时春夏连旱会严重影响玉米大豆生产,如2012 年的严重干旱导致美国玉米大豆大幅减产。美国夏季降水时空分布不均,有时会导致旱涝急转,发生区域性干旱、洪涝,对玉米、大豆生产产生影响。此外,美国玉米带春季降水偏多,气温偏低,会导致低温春涝,影响美国玉米大豆适时播种,延缓播种进度。高温会对美国小麦后期、玉米中后期产量形成造成不利影响。

3.1.1.2　加拿大

春小麦是加拿大最重要的粮食作物,种植面积和产量占全国粮食的比重高。影响加拿大春小麦生产的主要农业气象灾害是低温、干旱和霜冻害。如果春季气温偏低,或者低温合并土壤过湿,则春小麦适时播种受到影响,秋季早霜冻风险增加;同时干旱是影响加拿大春小麦生产的另一主要灾害类型,尤其夏季干旱容易导致春小麦减产。由于加拿大春小麦生产受温度、降水的影响较大,因此其产量年际波动往往较大。

3.1.2　南美洲

南美洲的大豆、甘蔗和玉米生产在全球占有重要的地位,干旱是影响作物生长发育和减产的最不利因素,也是导致粮食减产的最主要农业气象灾害。

巴西玉米和大豆主产区在中南部,巴西甘蔗主产区在中南部和东北部沿海,上述地区也是干旱多发地区。巴西的春夏干旱会影响玉米、大豆播种、生长发育和产量形成,也会影响甘蔗的分蘖和后期生长。另外,夏季高温对玉米后期发育和产量也会产生影响。

阿根廷的玉米大豆主产区在潘帕斯草原,干旱是影响玉米大豆生产的最主要灾害,其次是暴雨洪涝,另外秋收作物如果播种期延迟,后期也有早霜冻风险。

3.1.3　欧洲

欧洲是全球小麦主产区,玉米大豆种植也较多。欧洲的主要农业气象灾害是干旱,各季均有发生,春、夏旱对作物影响较大,如欧洲西部的法国、德国,欧洲东部的俄罗斯、乌克兰等小麦产区往往受到干旱的影响,此外小麦前期有冬春冻害、霜冻害,后期有高温热害(干热风)风险等。夏季高温热害对玉米后期发育和灌浆产生影响,易导致授粉不良、结实率下降而减产。

3.1.4 亚洲

3.1.4.1 中国

中国东西、南北跨度都较大,且地形复杂,气候类型多样,各种气象灾害均有发生。其中,干旱也是中国农业生产面临的最主要气象灾害类型,全国各农区均有发生,东北地区西部、西北大部、华北南部、黄淮西部、四川南部、云南北部等地干旱发生频率较高。华北黄淮小麦、华北黄淮以及西南地区的玉米、南方早稻一季稻有高温灾害风险,东北地区玉米有早霜冻和低温冷害、华北黄淮小麦有晚霜冻害、南方晚稻有寒露风灾害等。

3.1.4.2 东南亚各国

东南亚包括中南半岛和马来群岛两大部分。中南半岛包括缅甸、泰国、老挝、柬埔寨、越南、新加坡以及马来西亚的马来亚地区;马来群岛包括印度尼西亚、菲律宾、东帝汶、文莱以及马来西亚的沙捞越地区和沙巴地区。中南半岛以热带季风气候为主,有明显的旱季和雨季,大部地区5—10月为雨季,11月—次年4月为旱季。马来群岛大部为热带雨林气候。

总体上,东南亚大部地区的水热资源丰富,热带季风区由于不同年份季风强弱的不同,雨季到来的时间偏晚、降水偏少,会导致部分地区发生干旱。此外,东南亚是受台风影响较大的地区,一般说来,台风对当地农业的影响有利有弊。

3.1.4.3 印度

印度大部地区属于热带季风气候,印度半岛通常6—9月为雨季,10月—次年5月为旱季。每年来自印度洋的西南季风带来的丰沛降水,是印度农业生产的主要水源,但由于西南季风的强弱不同导致降水的年际变率较大,从而容易引发旱涝灾害。如果西南季风过强,来得早去得晚,西南季风停留时间过长,雨季过长,降水过多,将形成洪涝灾害;如果西南季风过弱,来得晚去得早,西南季风停留时间过短,雨季过短,降水过少,将形成旱灾。西南季风来临,标志着印度约4个月雨季的开始,降水对印度水稻播种、栽插、后期生长发育以及秋季小麦播种等具有重要的意义,也是灌溉水源的重要保证。此外,印度还受高温热浪、气旋性风暴(台风)等灾害性天气影响。

3.1.5 大洋洲

澳大利亚是世界上受厄尔尼诺影响最大的国家之一,厄尔尼诺往往导致该地区出现高温干旱,以及狂风、暴雨等灾害性天气,给当地小麦、甘蔗等农业生产带来影响。

3.1.6 非洲

非洲的农业气象灾害主要为干旱,主要发生在苏丹等北部非洲以及南非、赞比亚等南部非洲国家。受社会发展水平和技术条件限制,非洲农业生产条件和农业设施较为落后,农业防灾减灾能力较弱,导致非洲受农业气象灾害的影响大,各地作物产量年际波动较大。

3.2 全球重要产粮区农业气象灾害风险评估

2012 年联合国粮农组织启动了"战略思考进程",对全球粮食发展趋势与挑战进行了分析,并提出了未来全球粮食与农业的 11 大发展趋势,其中包括全球粮食需求不断增加、粮价上涨且高位波动、粮食生产全球化、气候变化对农业的影响越来越大、自然和人为灾害及危机将导致脆弱性不断加剧等(夏敬源和聂闯,2012)。因此,从全球视角对农业气象灾害风险进行评估,对全球粮食生产趋利避害以及应对全球粮食安全问题具有重要参考意义。

本节选取小麦、玉米、大豆、水稻四大主粮为研究对象,分析了 1961—2017 年全球重要产粮国家上述四种粮食作物产量的变化,并基于 1961—2013 年数据构建相关指标评估了其气象灾害风险水平(钱永兰等,2016a),旨在为全球农业气象业务服务提供相关参考信息。本节所用粮食产量数据为 FAO 统计数据库公布的数据,该数据库资料以官方数据为主,部分资料为半官方或由 FAO 系统对多源数据进行融合计算得出,时间序列长,具有较强的可信度和可对比性。

3.2.1 全球农业气象灾害风险评估的理论基础和方法

作物产量的变化可主要分解为两个方面 ,一个是由社会技术水平决定的趋势产量,另一个是由气象要素影响的气象产量(王馥堂,1983)。农作物的气象灾害风险可通过对其受灾数据的直接评估得到(张峭等,2011),这也是灾情数据充足的情况下人们最常选择的直接评估方法。在没有具体灾情数据可供参照的情况下,农作物气象产量的波动则可以反映一个地区粮食生产的气象灾害风险水平,因此可使用概率统计的方法基于这种"表象"数据进行气象灾害风险评估(章国材,2010)。有研究将风险分析理论引入粮食生产风险评估,通过相对气象产量的解析密度曲线估计某一地区粮食生产的风险水平,并进一步结合平均减产率、减产变异系数等指标进行区域粮食单产风险区划(邓国等,2001,2002a,b)。另外也有相关研究表明,"风险"是由〔〈概率,损失〉〉所组成的事件空间(Smith 和 Petley,1991;叶涛等,2012),因此气象灾害风险的大小由气象灾害损失和其发生的概率决定。以上是在无法获取全球足够灾情数据情况下,进行全球农业气象灾害风险评估的理论依据和基础(钱永兰等,2016a)。

3.2.1.1 作物气象产量分离

作物气象产量分离是目前研究气象因子与作物产量之间的关系最常用的方法。由于长时间序列的作物产量变化不仅与气象因子有关,也与科技进步、物质投入、环境、政策等有密切关系,其中科技进步水平对粮食单产的影响力最大,因此一般将作物产量分解为趋势产量、气象产量和随机误差 3 部分(王馥棠,1983;房世波,2011)(见公式(3.1))。趋势产量可看作是反映某一历史时期某一生产区域生产力发展水平的长周期产量分量,气象产量是以气象要素为主的短周期变化因子影响的产量分量。

$$Y = Y_t + Y_w + \varepsilon \tag{3.1}$$

式中,Y 为实际产量,Y_t 为趋势产量,Y_w 为气象产量,ε 为其他随机产量,又被称为"随机噪声",可忽略不计。因此,一般研究中将实际作物产量直接分解为趋势产量和气象产量。即:

$$Y = Y_t + Y_w \tag{3.2}$$

由公式(3.2)得到气象产量,即:

$$Y_w = Y - Y_t \tag{3.3}$$

由气象产量和趋势产量的比值可得到相对气象产量(见公式(3.4))。相对气象产量表明粮食波动的幅度,不受时间和地域的限制,具有可比性,因此能较好地反映气象因子对产量的影响。

$$Y_r = Y_w/Y_t \times 100\% \tag{3.4}$$

式中,Y_r 为相对气象产量。

当实际产量低于趋势产量时,相对气象产量为负值,其绝对值称为减产率;反之,当实际产量高于趋势产量时,相对气象产量为正值,称为增产率。

3.2.1.2 农业气象灾害风险评估指标

气象灾害风险的大小由气象灾害损失和其发生的概率决定,农业气象灾害损失可由减产率直接反映,减产率大则农业气象灾害的影响大;而一个地区的作物受气象灾害影响的大小还与受灾的频率、灾害强度的波动性有较大关系。因此构建一个地区的作物气象灾害风险指标需要从以上三个方面来考虑。

(1)平均减产率

对某一相对气象产量序列 $\{x_i\}$,若 $x_i < 0$,其对应的年份定义为减产年,平均减产率为 d,则:

$$d = \left| (\sum_{x_i < 0} x_i)/n \right| \tag{3.5}$$

式中,n 是 $x_i < 0$ 的 $\{x_i\}$ 全部样本数。

平均减产率可以反映多年粮食产量的平均减产水平。平均减产率大,说明一个地区气象灾害对产量的影响程度大,相应地,气象灾害的风险就大。

（2）减产率变异系数

对于同样大小的平均减产率,年际间减产率差别大和小,其气象灾害的风险不同,波动性大,气象灾害的风险越大。减产年减产率的波动性,称为减产率变异系数（见公式（3.6））。

$$v = \sqrt{\sum_{i=1}^{n} (x_i - d)^2 / (n-1)} \Big/ d \qquad (3.6)$$

式中,v 表示减产率变异系数,x_i 为减产率。n 为对应 x_i 的所有减产年,d 为平均减产率。

减产率变异系数可以描述减产率的年际波动大小,绝对值越大,则说明减产率的波动性越大,气象灾害对粮食产量影响的稳定性越差,相应地,面临的气象灾害的风险越大。

（3）减产风险概率

小幅减产概率大还是大幅减产概率大,所面临的气象灾害风险明显不同。因此,确定不同减产区间的概率大小对于评估气象灾害风险具有重要意义。

由于每年的气象条件、农业生产措施等不同造成粮食产量的不确定性,使得在相当长的一段时间内的相对气象产量序列具有随机连续变量序列的特点,相关研究也表明气象产量一般服从正态分布（张金艳等,1999;邓国等,2002a）。通过对文中研究对象所有样本进行正态性检验,证明研究中所涉及的各国粮食相对气象产量序列均具有正态性分布的特点。因此,可以根据相对气象产量序列 $\{X\}$ 的样本平均值 μ 和样本标准差 σ 来建立概率密度函数（式 3.7）：

$$f(x) = \frac{1}{\sqrt{2\pi}\sigma} e^{\frac{-(x-\mu)^2}{2\sigma^2}} \qquad (3.7)$$

然后,可以根据分布函数曲线计算粮食产量在不同增产率和减产率区间出现的概率（见公式（3.8））。

$$F(p) = \int_{-\infty}^{p} \frac{1}{\sqrt{2\pi}\sigma} e^{\frac{-(x-\mu)^2}{2\sigma^2}} dx \qquad (3.8)$$

式中,x 为相对气象产量,p 为特定的增减产率。也即,通过公式（3.9）可以求出某一增减产区间 $[x_1, x_2]$ 的概率。

$$\int_{x_1}^{x_2} f(x) dx = P(x_1 \leqslant x < x_2) \qquad (3.9)$$

文中对全球重要产粮区不同作物的减产概率进行了分段计算。不同减产水平的概率大小就可以反映粮食减产的风险大小。

但是,上述方法并不能直观评价一个地区粮食减产的概率大小,因此本研究构建了一个针对区域单元减产概率大小的减产概率指数。将减产区间用相对气象产量表示划分为不同的子区间$[x_1 \sim 0)$,$[x_2 \sim x_1)\cdots[-1 \sim x_{n-1})$,其中$0>x_1>x_2>\cdots>x_n>-1$,分别对应不同的减产水平,将上述区间对应的减产概率分别记为p_1,p_2,$\cdots$,p_n,则可以构造一个减产概率指数:

$$\begin{cases} p_c = \dfrac{\sum\limits_{n=1}^{n} a_n p_n}{C}, C = \mathrm{Max}(a_n) \\ a_n < a_{n+1} \end{cases} \tag{3.10}$$

式中,a_n为对应减产区间$[x_n \sim x_{n-1})$的权重值,本研究将减产率区间设为6个区间,分别为$[-3\% \sim 0)$、$[-5\% \sim -3\%)$、$[-7\% \sim -5\%)$、$[-10\% \sim -7\%)$、$[-15\% \sim -10\%)$、$[-100\% \sim -15\%)$,权重值依次升高,分别设为1、2、3、4、5、6;C为常数,$C=6$。

公式(3.10)实际上是对一个地区减产概率及其风险(高概率落区)的标准化处理,公式表明,减产率和减产概率越大,则p_c越大,减产风险越高。

3.2.1.3 农业气象灾害风险指数和风险分区

根据公式(3.5)、公式(3.6)、公式(3.10)构建的3个粮食作物产量气象灾害风险指标平均减产率d、减产率变异系数v、减产概率指数p_c,构建不同地区不同作物产量的综合气象灾害风险评估指标P_w,称为综合农业气象灾害风险指数。

$$P_w = d \cdot v \cdot p_c \times 100 \tag{3.11}$$

P_w值越大,则粮食生产风险越大。P_w值的对比不受地区和作物的限制。

根据综合气象灾害风险指数的大小,将全球粮食主产区分为三个等级:低风险区($P_w<1.0$)、中风险区($1.0 \leqslant P_w<2.0$)、高风险区($P_w \geqslant 2.0$)。

3.2.2 全球主要粮食作物产量水平变化趋势

主要分析全球粮食主产国主要粮食作物产量水平的变化和产量的波动性。产量水平的变化主要看趋势产量,产量的波动性主要看相对气象产量的变化。

3.2.2.1 小麦

全球小麦主产国主要分布在北美、欧洲、东亚、南亚和澳大利亚,各个地区的小麦产量水平存在较大差异(图3.2)。西欧的小麦产量水平最高,20世纪60年代初已达2800 kg·hm^{-2},近年达到7300 kg·hm^{-2}(参照2013—2017年平均值,精确到100 kg·hm^{-2}),增长近2倍;德国、法国的小麦目前产量已分别为7900kg·hm^{-2}、6900 kg·hm^{-2}。其次是中国,中国也是世界小麦产量增长最快的地区,从20世纪60年代初的约600 kg·hm^{-2}增长到近年的5300 kg·hm^{-2},增长了近7倍。美国、印度、加拿大、东欧的小麦产量水平较为接近,目前基本为 3000～3100 kg·hm^{-2},但印度的小麦产量增长较快,从 20 世纪 60 年代初的约 700 kg·hm^{-2}增长了 3 倍。澳大利亚小麦产量水平较低,且变化较慢,从 20 世纪 60 年代初的 1100 kg·hm^{-2}到现在的 1900 kg·hm^{-2},近 60 a 增加仅 0.7 倍。

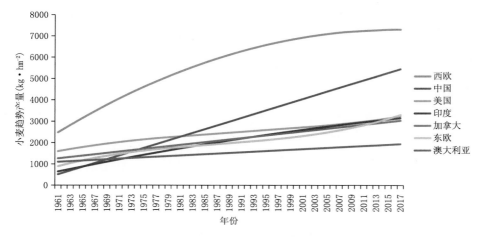

图 3.2　世界小麦主产区小麦趋势产量变化(1961—2017 年)

全球各地小麦的产量波动性也存在明显差异(见图 3.3)。加拿大、澳大利亚、俄罗斯小麦的相对气象产量波动较为剧烈,且澳大利亚小麦相对气象产量在−50％～−30％的频率较高,是世界小麦生产最不稳定的地区。相比而言,印度、美国、法国和德国小麦相对气象产量波动性较小。中国 20 世纪 90 年代以来,小麦的相对气象产量波动也较小,20 世纪 60 年代中后期至 20 世纪 70 年代呈现长期的负向波动,20 世纪 80 年代至 20 世纪 90 年代前呈现较长时间的正向波动。

3.2.2.2　玉米

全球玉米主产国主要分布在北美洲的美国、南美洲的巴西和阿根廷以及亚洲的中国,各个地区的产量水平也存在较大差异,但全球玉米产量水平呈现明显快速增长态势(见图 3.4)。

美国是全球玉米产量水平最高的地区,玉米产量自 20 世纪 60 年代初的 4000 kg·hm^{-2}达到近年的 10000 kg·hm^{-2},在高起点的基础上又翻了一番。南美地区玉米产量增长也很迅速,阿根廷从 20 世纪 60 年代初的 1700 kg·hm^{-2}增加到近年的 7500 kg·hm^{-2},增长 3 倍多;巴西从 20 世纪 60 年代初的 1300 kg·hm^{-2},增加到近年的 5000 kg·hm^{-2}多,也增长 3 倍多;但阿根廷玉米产量水平明显高于巴西,是巴西的约 1.5 倍。中国玉米趋势产量从 20 世纪 60 年代初的 1200 kg·hm^{-2}增加到近年的 5800 kg·hm^{-2},增长约 3.5 倍。

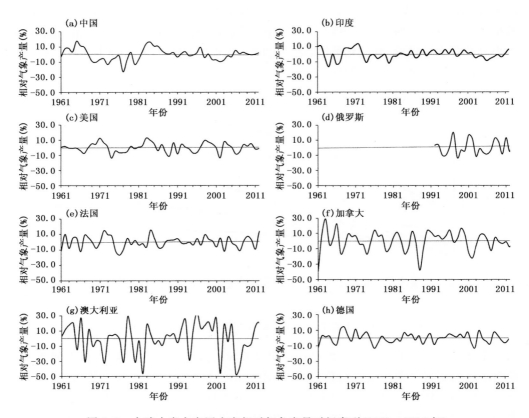

图 3.3　全球小麦主产国小麦相对气象产量时间序列(1961—2013 年)

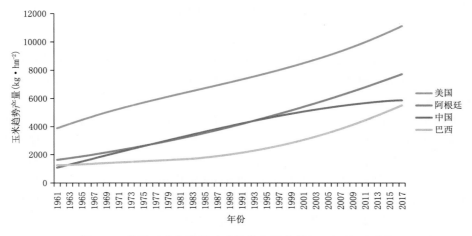

图 3.4　世界玉米主产国玉米趋势产量变化(1961—2017 年)

全球各地玉米的相对气象产量波动较大(见图 3.5)。阿根廷的相对气象产量波动最剧烈,美国的相对气象产量可低至－25%,巴西低于－10%的频率也较高,中国玉米的相对气象产量变化相对较小,一般在正负 10%以内振荡。

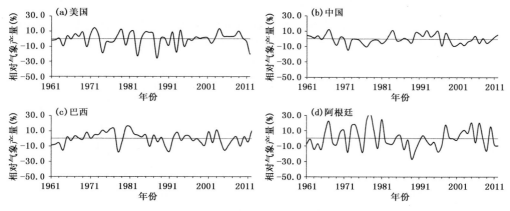

图 3.5　全球玉米主产国玉米相对气象产量时间序列(1961—2013 年)

3.2.2.3　大豆

全球大豆主产国和玉米主产国一致,美洲大豆的产量水平较为接近,中国大豆的产量水平远低于美洲(见图 3.6)。

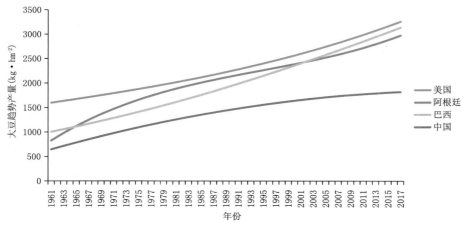

图 3.6　世界大豆主产国大豆趋势产量变化(1961—2017 年)

美国大豆趋势产量增长平稳,20 世纪 60 年代初美国大豆单产约 1600 kg·hm^{-2},近年已达 3200 kg·hm^{-2}。巴西大豆产量增长迅速,20 世纪 60 年代初仅 1000 kg·hm^{-2},近年已逼近美国大豆产量。阿根廷大豆自 20 世纪 60 年代中期至 2000 年前后一直高于巴西,自 21 世纪 00 年代中期开始,巴西大豆产量稳定超过阿根廷,巴西大豆单产比阿根廷高出 100 kg·hm^{-2} 多,当前巴西、阿根廷大豆产量水平分别为 3000 kg·hm^{-2}、2900 kg·hm^{-2}。中国大豆产量水平较低,且增长缓慢,20 世纪 60 年代大豆单产约 700 kg·hm^{-2},近年约为 1800 kg·hm^{-2}。

全球各地大豆的相对气象产量均呈现较大的波动性(见图 3.7)。其中,阿根廷大豆的气象产量波动较大,最大减产幅度接近 30%且波动频繁;其次是巴西;美国和中国大豆历史最大减幅均不到 20%,气象产量的波动也相对较小。

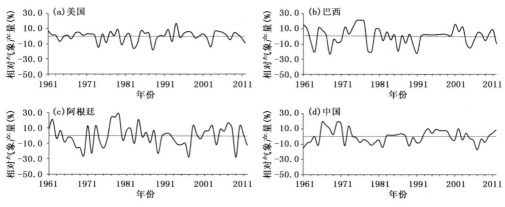

图 3.7　全球大豆主产国大豆相对气象产量时间序列(1961—2013 年)

3.2.2.4　水稻

全球水稻主产国主要在亚洲,东亚中国、南亚印度和东南亚的越南、泰国。中国水稻产量高且增长快,自 20 世纪 60 年代初的 2300 kg·hm^{-2} 到近年的 6700 kg·hm^{-2},增长近 2 倍(图 3.8)。越南水稻产量从 20 世纪 60 年代的 1900 kg·hm^{-2} 增

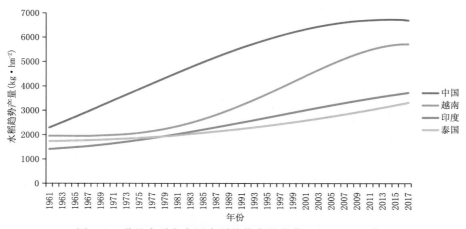

图 3.8　世界水稻主产国水稻趋势产量变化(1961—2017 年)

长至近年的 5600 kg·hm^{-2},增长约 2 倍,尤其 20 世纪 80 年代以来增长迅猛。印度、泰国水稻产量分别从 20 世纪 60 年代的 1400 kg·hm^{-2}、1700 kg·hm^{-2} 增长至近年的 3600 kg·hm^{-2}、3200 kg·hm^{-2},与中国和越南相比增长相对缓慢。

世界水稻的相对气象产量波动总体小于其他作物,一般在正负 10% 以内波动(图 3.9)。印度水稻的气象产量波动相对较大,中国和泰国的总体平稳,越南在 20 世纪 90 年代以前波动较大,之后的相对气象产量非常稳定。

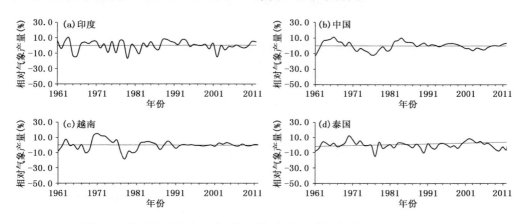

图 3.9　全球水稻主产国水稻相对气象产量时间序列(1961—2013 年)

3.2.3　全球重要产粮区粮食平均减产率

小麦:澳大利亚的平均减产率最高,其次是加拿大,其平均减产率均大于 10%。法国、中国、德国和美国的平均减产率居于中等水平,保持在 5%～10%。印度小麦平均减产率较低,在 5% 以内(见表 3.1)。

表 3.1　世界小麦主产国小麦平均减产率

国家	中国	印度	美国	俄罗斯	法国	加拿大	澳大利亚	德国
平均减产率(%)	6.4	4.6	5.1	7.0	6.6	11.0	18.3	5.2

玉米:从表 3.2 可以看出,阿根廷和美国的平均减产率较高,巴西其次,中国玉米的平均减产率最低,低于美国和阿根廷的 50%(见表 3.2)。

表 3.2　世界玉米主产国玉米平均减产率

国家	美国	中国	巴西	阿根廷
平均减产率(%)	9.0	4.3	7.2	9.3

大豆:大豆的平均减产率较高,其中巴西和阿根廷大豆平均减产率均大于10%。

美国和中国的平均减产率也均大于5%（见表3.3）。

表3.3　世界大豆主产国大豆平均减产率

国家	美国	巴西	阿根廷	中国
平均减产率（%）	6.8	11.2	10.9	7.2

水稻：世界各地水稻的平均减产率都居于低位，仅印度的平均减产率略高，为5.8%（见表3.4）。

表3.4　世界水稻主产国水稻平均减产率

国家	中国	印度	越南	泰国
平均减产率（%）	4.3	5.8	4.3	3.7

3.2.4　全球重要产粮区粮食减产变异系数

小麦：全球小麦的减产变异系数总体较高（见表3.5）。其中加拿大、印度、澳大利亚的变异系数最大。俄罗斯、法国和德国的小麦减产变异系数相对较小。中国和美国居于中位水平。

表3.5　世界小麦主产国减产变异系数

国家	中国	印度	美国	俄罗斯	法国	加拿大	澳大利亚	德国
减产变异系数	0.78	0.92	0.79	0.54	0.65	0.95	0.88	0.73

玉米：全球玉米的减产变异系数略小于小麦。美国和中国玉米的减产变异系数高于巴西和阿根廷（见表3.6）。

表3.6　世界玉米主产国减产变异系数

国家	美国	中国	巴西	阿根廷
减产变异系数	0.88	0.86	0.71	0.66

大豆：全球大豆的平均减产变异系数在各大作物中最低。美国和阿根廷大豆的减产变异系数较大，巴西和中国大豆的减产变异系数相对较小（见表3.7）。

表3.7　世界大豆主产国减产变异系数

国家	美国	巴西	阿根廷	中国
减产变异系数	0.81	0.63	0.76	0.64

水稻：全球水稻的减产变异系数总体较高，最高为越南，其次是泰国，中国和印度

也均大于 0.8(见表 3.8)。

表 3.8　世界水稻主产国减产变异系数

国家	中国	印度	越南 *	泰国
减产变异系数	0.84	0.88	1.09	0.97

　*越南自 1990 年以来减产波动平稳变小(见图 3.9),如果取 1990 年后的数据样本,则减产变异系数为 0.89,作为评估数据可能更合理,但与其他数据则失去了可比性,因此表中保留 53 年样本序列数据的结果。

3.2.5　全球重要产粮区粮食减产概率分布和减产概率指数

　　本研究将减产率设置了 6 个区间,如果在低减产区间的概率高而高减产区间的概率低,则表明粮食生产的灾害风险相对较低,减产概率指数相应也低;反之,在高减产区间的概率高而低减产区间的概率低,则粮食生产的灾害风险相对较高,减产概率指数相应也高。

　　小麦:美国、印度、德国等国家的减产概率主要集中在低减产区间,减产概率指数在 0.20~0.21,表明小麦生产的气象灾害风险相对较低(表 3.9);澳大利亚、加拿大、俄罗斯在高减产区间的概率大于低减产区间的概率,减产概率指数在 0.28~0.38,小麦气象灾害风险相对较大;法国、中国的减产概率主要集中在低减产区间,但高减产区间的发生概率均超过美国、德国和印度,但远低于俄罗斯、加拿大和澳大利亚,减产概率指数居中,因此小麦气象灾害风险处于中等至偏低水平。

表 3.9　全球小麦主产国小麦减产概率分布和减产概率指数

减产区间(%)	中国	印度	美国	俄罗斯	法国	加拿大	澳大利亚	德国
<−15	2.8	0.9	0.8	10.2	2.5	12.5	23.1	0.9
−15~−10	7.1	5.0	4.5	8.2	6.6	9.6	8.2	4.8
−10~−7	8.2	7.9	7.7	6.9	8.0	7.4	5.5	7.7
−7~−5	7.6	8.0	8.0	5.5	7.4	5.7	3.4	8.1
−5~−3	8.6	10.2	10.3	5.7	9.2	5.7	3.9	10.1
−3~0	14.7	18.1	18.8	9.6	15.0	9.1	6.0	18.4
减产概率指数	0.23	0.21	0.20	0.28	0.23	0.32	0.38	0.21

　　玉米:中国玉米的减产概率主要分布在低减产区间,减产概率指数不到 0.20(表 3.10),玉米生产的气象灾害风险相对较低;阿根廷的减产概率在高减产区间的比重偏大,减产概率指数达 0.32,玉米生产的气象灾害风险偏高;美国、巴西的减产概率从低减产区间到高减产区间基本呈现逐渐减小的趋势,减产概率指数居中,玉米生产的气象灾害风险处于中等水平。

表 3.10　世界玉米主产国减产概率分布和减产概率指数

减产区间（%）	美国	中国	巴西	阿根廷
<−15	5.0	0.6	3.6	12.5
−15～−10	8.6	4.0	7.6	9.6
−10～−7	8.5	7.2	8.3	7.4
−7～−5	7.1	8.1	7.2	5.4
−5～−3	8.0	10.4	8.4	5.7
−3～0	12.9	19.1	14.0	9.1
减产概率指数	0.26	0.19	0.24	0.32

　　大豆：阿根廷的减产概率主要集中在高减产区间，减产概率指数为 0.32（表 3.11），大豆生产的气象灾害风险较大；其次是巴西，在各区间的减产概率都较高，减产概率指数为 0.29；美国、中国的减产概率主要分布在低减产区间，减产概率指数低于巴西和阿根廷，大豆生产的气象灾害风险相对较小，其中美国小于中国。

表 3.11　世界大豆主产国减产概率分布和减产概率指数

减产区间（%）	美国	巴西	阿根廷	中国
<−15	1.4	8.5	13.5	4.5
−15～−10	5.8	9.6	9.7	8.5
−10～−7	8.2	8.0	7.2	8.6
−7～−5	7.9	6.2	5.4	7.3
−5～−3	9.7	7.1	5.4	7.9
−3～0	17.0	10.6	8.7	13.3
减产概率指数	0.22	0.29	0.32	0.26

　　水稻：水稻主产国的水稻减产概率基本都集中在低减产区间（表 3.12），减产概率指数均不超过 0.20，表明水稻生产的气象灾害风险相对较低，明显低于其他粮食作物。在 4 个水稻主产国中，印度和越南在高减产区间的概率略大于中国和泰国，但总体差距较小。

表 3.12　世界水稻主产国减产概率分布和减产概率指数

减产区间（%）	中国	印度	越南	泰国
<−15	0.3	0.8	0.7	0.2
−15～−10	2.8	4.7	4.4	1.7
−10～−7	6.3	7.8	7.7	5.3
−7～−5	8.0	8.1	7.9	7.7
−5～−3	11.1	10.4	10.6	11.5
−3～0	21.6	18.1	19.2	23.6
减产概率指数	0.18	0.20	0.20	0.17

3.2.6　全球农业气象灾害风险指数和风险分区

小麦：从表 3.13 可以看出，加拿大、澳大利亚小麦生产的综合气象灾害风险指数分别为 3.31 和 6.06，属于小麦生产高气象灾害风险区（图 3.10）；中国、俄罗斯小麦生产的综合气象风险指数在 1.0～2.0，属于小麦生产中等气象灾害风险区；印度、美国、法国、德国小麦生产的综合气象灾害风险指数均低于 1.0，属于小麦生产低风险区。全球小麦主产区平均综合气象灾害风险指数为 1.88，在四大作物中最高。

表 3.13　全球小麦生产综合气象灾害风险指数

国家	中国	印度	美国	俄罗斯	法国	加拿大	澳大利亚	德国	平均值
综合气象灾害风险指数	1.16	0.88	0.82	1.05	0.97	3.31	6.06	0.78	1.88

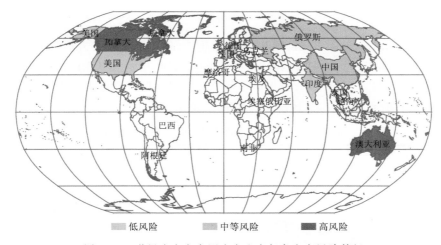

图 3.10　世界小麦主产国小麦生产气象灾害风险等级

玉米：表 3.14 显示，美国玉米生产的综合气象灾害风险指数大于 2.0，属于高气象灾害风险区（图 3.11）；巴西、阿根廷玉米生产的综合气象灾害风险指数分别为 1.24 和 1.94，介于 1.0 和 2.0 之间，属于中等气象灾害风险区；中国玉米生产的综合气象灾害风险指数为 0.72，小于 1.0，属于低气象灾害风险区。全球玉米主产区平均综合气象灾害风险指数为 1.49，低于小麦生产风险。

表 3.14　全球玉米生产综合气象灾害风险指数

国家	美国	中国	巴西	阿根廷	平均值
综合气象灾害风险指数	2.08	0.72	1.24	1.94	1.49

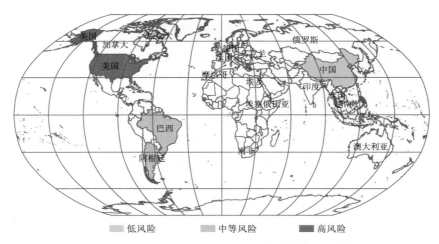

图 3.11　世界玉米主产国玉米生产气象灾害风险等级

大豆：表 3.15 显示，巴西、阿根廷大豆生产的综合气象灾害风险指数均大于 2.0，属于大豆生产高气象灾害风险区（图 3.12）；美国、中国大豆生产的综合气象灾害风险指数均大于 1.0，小于 2.0，属于中等气象灾害风险区。全球大豆主产区平均综合气象灾害风险指数为 1.78，总体高于玉米生产，低于小麦生产。

表 3.15　世界大豆生产综合气象灾害风险指数

国家	美国	巴西	阿根廷	中国	平均值
综合气象灾害风险指数	1.20	2.05	2.68	1.19	1.78

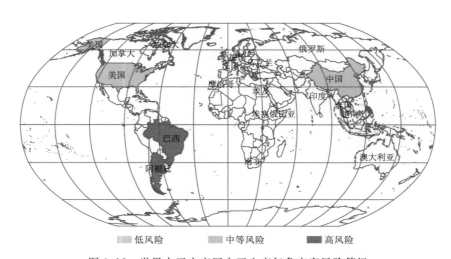

图 3.12　世界大豆主产国大豆生产气象灾害风险等级

水稻:表 3.16 显示,除印度水稻生产的综合气象灾害风险指数大于 1.0,属于中等气象灾害风险外,世界其余水稻主产区的综合气象灾害风险指数均小于 1.0,属于低等风险区(图 3.13)。全球水稻主产区平均综合气象灾害风险指数仅为 0.81,是四大作物中综合气象灾害风险最低的作物。

表 3.16　全球水稻综合气象灾害风险指数

国家	中国	印度	越南	泰国	平均值
综合气象灾害风险指数	0.65	1.04	0.95	0.60	0.81

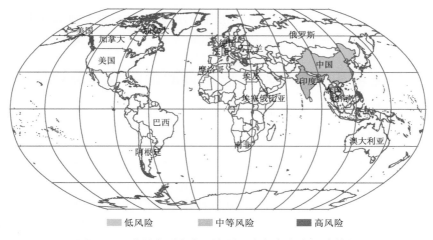

图 3.13　世界水稻主产国水稻生产气象灾害风险等级

3.2.7　全球粮食生产风险综合分析

总体来看,目前(截至 2017 年)全球小麦高产区在西欧,德国小麦产量已高达 7900 kg·hm^{-2},其次是中国,小麦产量约 5300 kg·hm^{-2};玉米的高产区在美国,玉米产量达 10000 kg·hm^{-2};大豆的高产区在美洲,大豆产量约 3000 kg·hm^{-2};水稻的高产区为中国和越南,水稻产量约分别为 6700 kg·hm^{-2} 和 5600 kg·hm^{-2}。全球主要粮食作物产量水平近 50 多年得到较大提高,尤其美洲的玉米和大豆、欧洲和亚洲的小麦、东亚和南亚的水稻,产量水平提升快速;但欧洲部分国家的小麦如德国和法国、亚洲部分国家的水稻如印度和泰国近年增速缓慢。

从综合气象灾害风险指数来看,世界小麦生产的综合气象风险最高,其次是大豆和玉米,水稻的综合气象风险最低。澳大利亚和加拿大的小麦,美国的玉米,阿根廷和巴西的大豆等作物生产的综合气象灾害风险高,上述地区和作物常受到旱涝灾害的威胁,尤其是干旱灾害;印度水稻生产的综合气象灾害风险高于世界其他地区,西南季风的强弱以及由此导致的降水异常是影响印度水稻生产的主要因素。中国的小麦和大豆生产的气象风险相对偏高,玉米和水稻生产的气象风险相对偏低,中国粮食生产的综合气象灾害风险指数与国外其他地区相比总体偏低,可能与我国防灾减灾措施有密切关系。

如果高风险地区的粮食产量水平高,气象灾害的破坏力即灾害损失将更大。因此,作物产量水平和综合气象灾害风险指数相结合,可作为粮食生产气象灾害损失评估的重要指标。

产量分离方法的不同对风险评估结果有一定影响(房世波,2011;Ye et al.,2015),但对总趋势的影响有限;本研究因地制宜,通过比较相关系数择优选取二次或三次多项式曲线拟合,对不同国家采取不尽相同的产量分离方法,力求使得趋势产量模拟曲线符合其社会技术发展的实际。在概率计算过程中,俄罗斯的样本较其他地区样本少(共 22 个),为保证全球评估的完整性,一并列出供对比参考。

3.3 厄尔尼诺和拉尼娜对全球粮食的影响效应及评估

3.3.1 厄尔尼诺和拉尼娜简介

"厄尔尼诺(El Niño)"和"拉尼娜(La Niña)"均为西班牙语,分别为"圣婴"和"圣女"之意。厄尔尼诺最早出自 19 世纪末秘鲁沿海渔民之口,用来比喻常在圣诞节前后出现的海水异常变暖现象,用"圣婴"命名表达了人们对未知自然现象的敬畏。后来人们发现这种海水增温现象不只出现在秘鲁海域,还扩展到国际日期变更线附近的整个中东太平洋,因此把这种中东太平洋海洋表层水温大范围持续异常偏暖的现象称为厄尔尼诺现象;后来人们发现,中东太平洋地区也存在海洋表层水温大范围持续异常偏冷的现象,便将之称为拉尼娜现象(肖天贵等,1999;李秀英,2002)。由于厄尔尼诺和拉尼娜现象发生时往往伴随全球不同区域天气气候异常,导致极端天气事件和气象灾害增多,对粮食生产影响极大,从而引起国际社会的普遍关注。

厄尔尼诺和拉尼娜的成因尚无定论,目前研究认为它们是热带地区海气相互作用现象,在海洋方面表现为厄尔尼诺与拉尼娜的转变,在大气方面表现为南方涛动(southern oscillation,即南半球热带西太平洋和东太平洋地区海平面气压的纬向振荡),也称为厄尔尼诺与南方涛动(El Niño-southern oscillation,简称 ENSO)(黄荣辉,1990;巢纪平,2001;骆高远,2000)。人们常用 ENSO 事件来描述厄尔尼诺和拉尼娜事件造成的海洋-大气反馈过程(刘屹岷等,2016),当厄尔尼诺出现时称为 EN-SO 暖事件,当拉尼娜出现时称为 ENSO 冷事件(李晓燕和翟盘茂,2000)。对厄尔尼诺、拉尼娜事件发生周期的认识尚不统一,目前较普遍认为厄尔尼诺现象一般 2~7 a 出现一次,但出现的周期和强度变幅较大;拉尼娜有时在厄尔尼诺之后出现,但其发动周期、影响程度以及持续时间则不甚明显。

ENSO 是气候系统年际气候变化中的最强信号,国际上对 ENSO 事件的监测诊断存在一定差别(李晓燕和翟盘茂,2000)。一般将 Niño 3 区(见图 3.14)海温(sea surface temperature,简称 SST)距平指数连续 6 个月达到 0.5 ℃以上定义为一次厄尔尼诺事件,美国海洋大气局(NOAA)则将 Niño 3.4 区(即西经 120°～170°,南北纬 5°之间的区域,见图 3.14)海温距平的 3 个月滑动平均值连续 5 个月(或以上)达到 0.5 ℃以上定义为一次厄尔尼诺事件(或暖事件),连续 5 个月(或以上)低于－0.5 ℃ 定义为一次拉尼娜事件(或冷事件)。中国气象局 2017 年发布厄尔尼诺/拉尼娜事件判别方法的国家标准(GB/T 33666—2017),也采用 Niño 3.4 区的海温距平指数 (Niño 3.4 指数)作为判定厄尔尼诺/拉尼娜事件的依据(任宏利等,2017)。

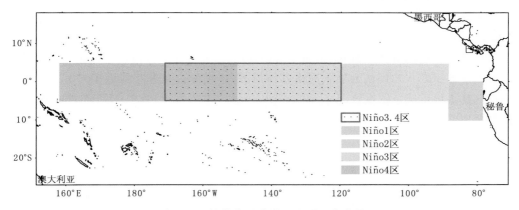

图 3.14　热带太平洋海温监测区分布图

3.3.2　数据及评估方法

大量研究已发现,ENSO 事件和作物产量波动具有较高的相关性(Zhang et al., 2008;Deng et al.,2010;Royce et al.,2011;Bhuvaneswari et al.,2013;Weston et al., 2017;Erin 和 Anyamba,2018;Arderson et al.,2019;Rogério 和 Sentellas, 2019);也有相关研究揭示了 ENSO 事件和作物产量的统计关系,开展了 ENSO 事件导致的某一国家或地区作物减产定量评估,但在全球尺度上开展的研究较少。同时,近年研究发现,ENSO 事件对粮食产量的影响并非全是负向的,从全球尺度来看, ENSO 事件在某些区域对粮食产量的影响是正向的,而且厄尔尼诺和拉尼娜事件的影响效应也不相同(Andrés et al.,2001;Toshichika et al.,2014;Cirino et al.,2015; Najafi et al.,2019),因此有必要在全球尺度上分别开展厄尔尼诺和拉尼娜事件对粮食生产的影响评估,并指明两事件中的粮食生产高风险地区,便于全球不同地区粮食生产趋利避害,维护全球和地区粮食安全。

由于粮食生产和贸易基于国家单元,因此,本研究在全球尺度上以不同国家为单元进行分析,便于对全球不同国家和地区的粮食安全风险进行宏观了解。本研究除了包含全球重要产粮国家之外,非洲由于是全球农业相对脆弱的地区,分别在非洲北部、东部、西部和南部选取了几个粮食主产国家;此外,由于俄罗斯和乌克兰等前苏联解体后组建的国家从 1992 年之后才有产量数据,因此以东欧为单元进行替代分析本地区在 ENSO 事件中的风险。本研究的风险评估仍然沿用第二节的评估方法,主要采用减产率、减产变异系数、减产概率三个指标来构建风险指数,依照风险指数进行风险区划分,但分区指标阈值略有不同(Qian et al.,2019)。

3.3.2.1 数据

(1)ENSO 指数 ONI

本研究采用美国海洋大气局 NOAA 对 ENSO 事件的判定指标海洋尼诺指数(the oceanic niño index,即 ONI),它采用 Niño 3.4 区 SST 3 月滑动平均距平值来判定厄尔尼诺和拉尼娜事件(Barnston et al.,1997)。如果 SST 3 月滑动平均距平值连续 5 个月大于等于 0.5 ℃则认为厄尔尼诺事件形成,连续 5 个月等于或低于 −0.5 ℃则认为拉尼娜事件形成。依据该定义,1951—2019 年,共发生了 26 次厄尔尼诺事件和 22 次拉尼娜事件(图 3.15)(Jan Null,2019),本研究所用 ONI 数据从美国 NOAA 网站下载。

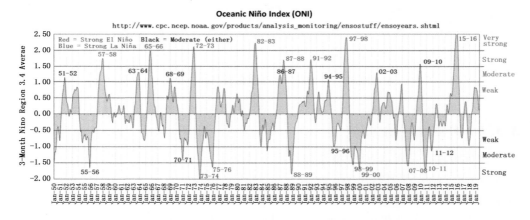

图 3.15　1951—2019 年海洋尼诺指数 ONI 变化图

由于目前只有 1951—2019 年 69 a 的 ONI 数据,且厄尔尼诺和拉尼娜的发生年份分别只有二十几年,为了使得基本统计分析能够获得尽量多的样本,本研究只针对 ENSO 发生与否对粮食产量的影响进行分析,而暂时忽略 ENSO 事件强度及类型对粮食产量的影响(连涛,2015)。同时,由于 ENSO 事件的发生时间、持续时间均有所不同,ENSO 事件的发生时间不一定和作物物候期重合,因此,对作物的影响也不同。本研究针对冬作物和夏作物采用了不同的判定标准,夏作物的生育期较短,只要生育期与 ENSO 事件重合,则认为该年度是该作物的 ENSO 事件发生年份;冬作物的生育期较长,一般有两到三个月的停长或缓慢生长期,对气候异常波动不敏感,同时通过相关分析发现,如果采用全生育期与 ENSO 事件的重合来定义冬作物的 ENSO 事件发生年,则作物产量和 ENSO 事件的相关性下降,因此,研究采用冬作物越冬之后的关键生长期来定义冬作物的 ENSO 事件发生年份,即只有当 ENSO 事件与冬作物的关键期重合时才定义为该作物的 ENSO 事件年。此外,为了分别研究厄尔尼诺和拉尼娜事件对作物产量的不同影响,在数据分析实验中将二者分别与作物产量进行相关分析和风险评估,因此与作物生育期重合的厄尔尼诺和拉尼娜转换年份,即,如果作物生育期内经历了厄尔尼诺和拉尼娜事件的转换,则由于难以分离两种不同事件的影响而均被舍弃,没有参与数据分析。而如果将厄尔尼诺-拉尼娜转换年作为第三种事件进行分析,又缺乏足够的样本,因此本研究只能放弃这项分析。

　　(2)作物产量数据

　　所用数据均为作物单产数据。为了确保得到尽量多的数据样本,本研究所用的美国作物单产数据来自美国农业统计局(NASS)公布的数据,数据从 1951—2018 年。其余国家和地区的数据来自联合国粮农组织 FAO 统计数据库,数据从 1961—2017 年。所有作物单产数据采用线性回归或多项式方法分离为趋势产量 Y_t 和气象产量 Y_w 两部分,原理和方法同第二节公式(3.1)、(3.2)、(3.3)、(3.4)。

3.3.2.2　方法

　　本节所用方法和第二节的气象灾害风险评估采用的方法类似,只是对应的是 ENSO 事件作物减产年份的平均减产率、减产变异系数和减产概率,其公式分别同于第二节的公式(3.5)、(3.6)、(3.7)、(3.8)、(3.9),基于上述三个指标构建了 ENSO 事件中的作物减产风险指数,称为 ENSO 作物减产风险指数(第二节中基于综合气象灾害事件的作物减产风险指数称为农业气象灾害风险指数)。考虑到 ENSO 独立事件的致灾能力往往高于常规气候条件,因此基于 ENSO 作物减产风险指数对全球重要产粮区进行风险划分时,其指标值较综合气象灾害风险划分时阈值略偏低,分别为 0.7 和 1.7(而第二节中综合气象灾害风险指数分别为 1.0 和 2.0,见 3.2.1.3),当指数小于 0.7 时为低风险,大于 1.7(含)时为高风险,0.7~1.7 之间时为中等风险。该指标设置统筹考虑了全球各粮食主产区的产量水平、波动幅度、ENSO 事件影响大小(频率及强度)以及区域防灾抗灾能力,对全球预报和服务具有一定指导意义。

3.3.3　ENSO 事件对全球粮食产量的影响效应

　　表 3.17 是全球各大洲不同产粮区在厄尔尼诺事件中的作物减产概率,共从北美洲、南美洲、欧洲、非洲、亚洲、大洋洲六个大洲中选取了有代表性的国家,每个国家包含了其主要的粮食作物种类。表中数字第一列给出了作物出现减产(即作物相对气象产量<0)的概率,如果减产概率大于 50%,则说明厄尔尼诺对该地区该作物的影

响是负向(消极)影响为主,一般会导致作物减产。右边六列数字是进一步将减产状况细分,即根据减产率大小依次将减产状况划分为减产 0～3%、3%～5%、5%～10%、10%～15%、15%～20%、20%以上 6 个不同的区间,并针对不同减产区间给出了发生的概率值。由于减产率不超过 5%为大概率事件,因此,5%以内细分了两个区间来评估则更能表现各地区的差异;超过 5%的,每 5 个百分点设置一个区间;超过 20%的情况非常少,设置为一个区间。

从表 3.17 可以看出,加拿大的玉米和大豆、巴西的玉米、大豆、水稻和小麦、阿根廷的小麦和水稻、中国的水稻、玉米和大豆、印度的小麦、水稻、玉米和大豆、泰国和越南的水稻、德国的玉米、东欧的小麦、埃及的小麦和水稻、摩洛哥的小麦、埃塞俄比亚的玉米、尼日利亚的玉米、南非的玉米、澳大利亚的小麦等在厄尔尼诺事件中的减产概率均超过 50%,即厄尔尼诺事件对上述地区上述作物主要表现出负向影响,大概率导致上述地区上述作物减产。其中,在全球重要产粮区中,美国的小麦、玉米、大豆和水稻四种粮食作物在厄尔尼诺事件中均表现出低减产概率,而印度和巴西均表现出高减产概率。此外,北非(埃及和摩洛哥)、东欧和澳大利亚的小麦,加拿大和中国的玉米和大豆、非洲大部的玉米、南美洲、中国、越南、泰国、埃及的水稻在厄尔尼诺事件中均表现出高于 50%的减产概率。在南美洲,巴西和阿根廷的玉米和大豆表现出不同的厄尔尼诺影响效应,而两个国家的小麦和水稻则表现出相同的趋势;在北美洲,美国和加拿大的玉米和大豆的厄尔尼诺影响效应相反,而小麦的影响效应相同。

表 3.17 全球不同粮食产区在厄尔尼诺事件中的作物减产概率(%)

国家	作物	作物相对气象产量(%)						
		<0	<-20	-20～-15	-15～-10	-10～-5	-5～-3	-3～0
美国	冬小麦	40.1	1.4	2.9	6.7	12.0	6.5	10.7
	春小麦	35.2	0.7	1.9	5.1	10.8	6.1	10.7
	玉米	38.6	0.6	2.0	5.5	12.0	6.7	11.8
	大豆	27.1	0.0	0.0	0.5	5.2	6.0	15.4
	水稻	28.4	0.0	0.0	0.0	2.3	5.5	20.7
加拿大	春小麦	39.4	6.3	4.8	7.3	9.3	4.5	7.1
	玉米	62.2	1.2	4.1	11.3	20.5	9.7	15.4
	大豆	56.8	5.2	6.7	11.4	15.7	7.1	10.7
巴西	玉米	53.6	1.9	4.3	9.7	16.8	7.9	13.1
	大豆	51.6	1.9	4.3	9.2	15.8	7.8	12.6
	水稻	69.5	0.0	0.9	7.3	24.8	14.6	21.9
	小麦	67.4	0.0	40.1	9.1	9.1	3.9	5.2
阿根廷	玉米	33.4	2.4	3.3	5.8	9.4	4.6	7.9
	大豆	38.6	4.1	4.3	7.0	10.4	4.7	8.1
	小麦	61.0	7.5	8.4	12.2	15.9	6.8	10.2
	水稻	54.4	0.0	3.5	9.2	17.4	8.9	14.3

国家	作物	作物相对气象产量（%）						
		<0	<−20	−20～−15	−15～−10	−10～−5	−5～−3	−3～0
中国	冬小麦	31.6	0.0	0.3	2.0	8.5	6.6	14.2
	水稻	51.6	0.0	0.6	4.3	16.2	10.7	19.7
	玉米	66.3	0.2	1.8	8.8	23.3	12.7	19.5
	大豆	57.5	2.3	4.9	10.9	17.8	8.5	13.1
印度	小麦	67.0	2.2	5.8	13.6	21.4	9.9	14.2
	水稻	62.6	1.2	4.1	11.3	20.5	10.1	15.3
	玉米	70.5	2.5	6.7	14.7	22.9	9.9	13.8
	大豆	72.2	28.4	10.5	15.0	7.8	4.5	6.0
泰国	水稻	52.4	0.0	0.6	4.5	16.6	10.9	19.8
越南	水稻	52.4	0.0	0.3	3.2	15.5	11.6	21.9
印尼	水稻	49.2	0.0	0.0	0.0	0.1	3.2	45.8
法国	小麦	34.1	0.0	0.3	2.1	9.3	7.2	15.2
	玉米	27.8	0.4	1.3	3.7	8.1	5.1	9.1
德国	小麦	48.0	0.1	0.8	4.7	15.0	9.9	17.5
	玉米	54.0	0.3	1.9	7.2	17.9	10.0	16.5
波兰	小麦	48.4	0.3	1.7	6.3	15.7	9.1	15.4
罗马尼亚	小麦	50.8	13.1	7.2	8.8	10.6	4.3	6.8
东欧	小麦	57.1	3.9	6.3	11.3	16.7	7.4	11.5
摩洛哥	小麦	60.6	35.2	6.1	6.7	6.4	2.4	3.9
埃及	小麦	62.6	0.1	1.3	7.3	21.5	12.3	20.1
	玉米	44.4	0.1	0.9	4.4	13.9	8.9	16.3
	水稻	58.3	0.0	0.0	0.9	13.1	14.8	29.6
埃塞俄比亚	小麦	36.3	0.1	0.7	3.5	10.9	7.2	14.0
	玉米	52.4	4.3	5.9	10.1	14.9	6.5	10.7
尼日利亚	玉米	53.6	16.9	7.4	9.2	9.9	4.0	6.4
	水稻	37.1	0.5	1.6	5.1	11.3	6.5	11.9
南非	玉米	61.4	6.9	7.8	8.5	8.8	3.2	5.1
	小麦	48.4	5.8	6.1	9.3	12.5	5.6	9.0
澳大利亚	小麦	59.9	19.5	8.6	10.1	10.6	4.4	6.7

表 3.17 右边 6 列数字列出了不同地区不同作物在 6 个不同减产区间的减产概率。从表中可以看出,巴西的大豆、中国的水稻在厄尔尼诺事件中具有相同的减产概率 51.6%,但他们具有不同的概率分布,巴西大豆在高减产区间减产概率高,而中国水稻的小于 1.0%,表明巴西大豆大幅减产风险高于中国水稻。类似的,巴西和阿根廷的小麦、印度大豆、罗马尼亚、摩洛哥和澳大利亚的小麦均在较高减产区间表现出

比当地其他作物偏高的减产概率,说明较其他作物存在大幅减产风险。特别需要指出的是,巴西小麦在厄尔尼诺事件中减产 15%~20% 的概率高达 40.1%,摩洛哥、澳大利亚小麦减产 20% 以上的概率分别为 35.2% 和 19.5%。表 3.17 中对应 6 个不同区间的减产概率,位列左边的数字越高,则减产风险越大。

在一个 ENSO 事件中,作物减产和增产的概率之和为 100%,如果作物的减产概率超过 50%,则说明增产概率小于 50%,意味着作物在该事件中大概率遭遇减产,即 ENSO 事件对作物的影响是负面的消极影响;反之是正面的积极影响。因此,表 3.17 中第一列数字也可以用图 3.16—3.19 来分别表示,它们直观地表明了厄尔尼诺对全球不同地区不同作物的影响效应。从图 3.16 可以看出,厄尔尼诺对加拿大春

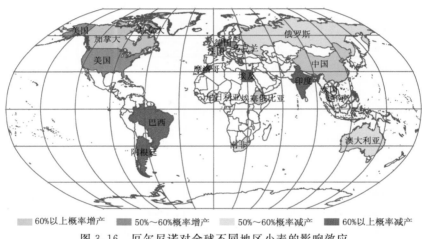

图 3.16　厄尔尼诺对全球不同地区小麦的影响效应

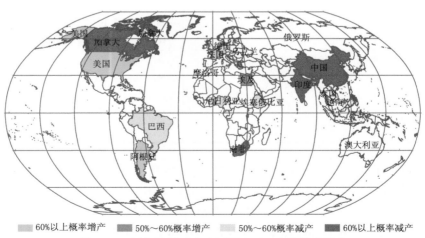

图 3.17　厄尔尼诺对全球不同地区玉米的影响效应

小麦、美国、法国、德国、波兰、中国、埃塞俄比亚等地冬小麦是正向影响效应,对南美洲、北部和南部非洲、东欧、印度、澳大利亚等地冬小麦是负向影响效应。厄尔尼诺对美国和阿根廷大豆和玉米是正向影响效应,但对加拿大、巴西、印度、中国的玉米和大豆以及中部到南部非洲一带的玉米是负向影响效应(图 3.17,图 3.18)。厄尔尼诺对南美洲、埃及、中国、印度、泰国、越南等地的水稻是负向影响效应,但对美国、尼日利亚和印尼的水稻影响是正向积极的(图 3.19)。

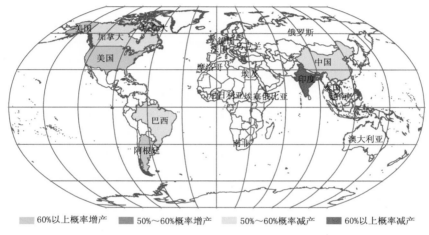

图 3.18　厄尔尼诺对全球不同地区大豆的影响效应

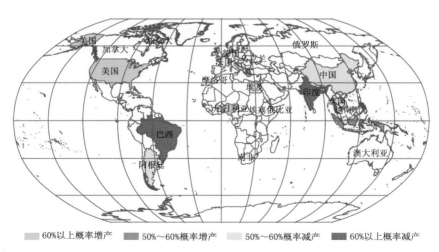

图 3.19　厄尔尼诺对全球不同地区水稻的影响效应

表 3.18、图 3.20—3.23 分别是全球不同作物在拉尼娜事件中的减产概率和受影响情况。通过表 3.17 和表 3.18,以及图 3.16 至图 3.19 和图 3.20—3.23 的逐一

对比可以看出,全球除美国和东欧的小麦、北美洲、南美洲和印度的玉米和大豆在拉尼娜事件中表现出和厄尔尼诺事件中相反的增产趋势,东欧的小麦、中国的玉米和水稻、埃塞俄比亚和南非的玉米以及埃及的水稻在厄尔尼诺和拉尼娜事件中均表现出减产的负向效应。美国的冬小麦、尼日利亚的水稻在厄尔尼诺和拉尼娜事件中均表现较大概率增产。

表 3.18　全球不同粮食产区在拉尼娜事件中的作物减产概率(%)

国家	作物	作物相对气象产量（%）						
		<0	<−20	−20～−15	−15～−10	−10～−5	−5～−3	−3～0
美国	冬小麦	49.6	0.6	2.5	7.5	15.9	8.8	14.4
	春小麦	48.8	0.7	2.5	7.5	15.4	8.4	14.3
	玉米	68.1	4.7	8.1	14.7	19.8	8.8	12.1
	大豆	66.6	0.3	2.4	10.0	23.6	12.1	18.2
	水稻	61.4	0.4	0.2	3.1	18.8	14.3	25.1
加拿大	小麦	56.0	10.2	7.9	10.6	13.3	5.5	8.4
	玉米	46.0	0.7	2.4	7.0	14.5	7.8	13.7
	大豆	48.4	1.2	3.2	8.3	15.1	7.8	12.8
巴西	玉米	47.6	0.0	0.3	3.0	14.0	10.4	19.9
	大豆	30.5	0.3	1.1	3.6	9.1	5.8	10.7
	水稻	19.8	0.0	0.0	0.0	0.9	3.0	15.9
	小麦	36.3	5.7	4.5	6.4	8.9	4.4	6.5
阿根廷	玉米	74.2	10.0	11.2	16.6	18.9	7.3	10.2
	大豆	62.6	13.1	9.2	12.1	13.9	6.0	8.2
	玉米	33.0	2.0	2.9	5.8	9.3	4.8	8.2
	水稻	33.4	0.2	1.0	3.7	10.0	6.3	12.2
中国	小麦	61.4	0.1	1.2	7.0	20.7	12.6	19.7
	水稻	51.2	0.0	0.0	1.4	12.6	12.1	25.1
	玉米	63.7	0.0	0.0	0.1	9.4	16.6	37.6
	大豆	34.8	0.2	1.0	3.9	10.5	6.7	12.5
印度	小麦	43.3	0.0	0.5	3.3	12.9	9.2	17.5
	水稻	40.5	0.0	0.3	2.6	11.4	8.7	17.6
	玉米	41.3	1.0	2.6	6.5	12.8	6.8	11.5
	大豆	39.0	0.4	5.0	6.7	8.3	3.5	6.0
泰国	水稻	25.2	0.0	0.0	0.2	3.8	5.3	15.8
越南	水稻	23.6	0.0	0.0	0.1	2.9	4.8	15.8

续表

国家	作物	作物相对气象产量（%）						
		<0	<-20	-20~-15	-15~-10	-10~-5	-5~-3	-3~0
印尼	水稻	40.1	0.0	0.0	0.0	0.0	0.2	39.9
法国	小麦	54.0	0.4	2.2	7.9	17.5	9.7	16.2
	玉米	42.5	4.1	4.8	7.8	11.5	5.6	8.7
德国	小麦	50.4	0.2	1.4	6.3	16.3	9.5	16.7
	玉米	28.4	0.0	0.1	1.1	6.7	6.1	14.4
波兰	小麦	46.4	0.1	0.9	4.6	14.5	9.4	17.0
罗马尼亚	小麦	54.4	17.4	7.5	9.3	10.0	4.0	6.4
东欧	小麦	57.5	4.9	6.7	11.5	16.4	7.5	10.7
摩洛哥	小麦	45.2	20.1	5.4	6.1	6.7	2.7	4.3
埃及	小麦	33.0	0.0	0.0	0.8	6.9	7.4	17.9
	玉米	64.8	0.4	0.0	1.8	17.7	16.5	28.9
	水稻	54.4	0.0	0.0	0.8	11.7	13.6	28.3
埃塞俄比亚	小麦	75.2	0.2	2.4	11.6	28.2	13.9	18.8
	玉米	68.4	0.4	9.8	14.5	18.2	7.1	10.5
尼日利亚	玉米	45.2	9.7	6.2	8.0	9.8	4.5	7.0
	水稻	48.4	1.8	3.9	8.5	14.9	7.2	12.1
南非	玉米	54.8	18.4	7.7	8.7	10.0	4.0	6.0
	小麦	40.9	5.7	4.7	7.7	10.4	5.2	7.9
澳大利亚	小麦	45.2	11.9	6.2	7.6	9.4	3.8	6.3

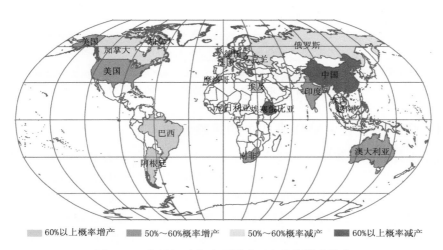

图 3.20　拉尼娜对全球不同地区小麦的影响效应

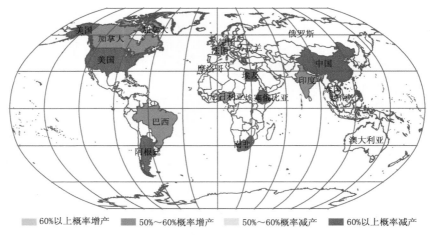

60%以上概率增产　　50%～60%概率增产　　50%～60%概率减产　　60%以上概率减产

图 3.21　拉尼娜对全球不同地区玉米的影响效应

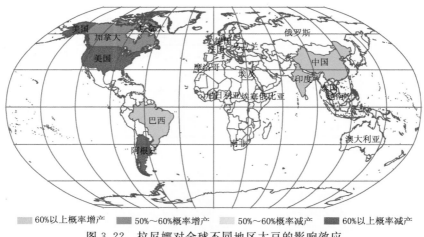

60%以上概率增产　　50%～60%概率增产　　50%～60%概率减产　　60%以上概率减产

图 3.22　拉尼娜对全球不同地区大豆的影响效应

3.3.4　全球粮食在 ENSO 事件中的风险评估

为了更好地描述和便于理解全球粮食在 ENSO 事件中存在的风险,表 3.19 列出了全球不同地区不同作物分别在厄尔尼诺和拉尼娜事件中的平均减产率、减产变异系数和减产概率指数,其中平均减产率可以反映作物在遭遇 ENSO 事件减产时减产的平均幅度,平均减产率高,则风险越高;减产变异系数可以反映作物在遭遇 ENSO 事件时减产状况的差异,变异系数大则说明风险的不可控性比较大,或者比较复杂,因此风险相对更高;减产概率指数如前所述,既包含了其减产的可能性大小,也可以反映减产概率的分布,减产概率指数越大,则减产风险越高。

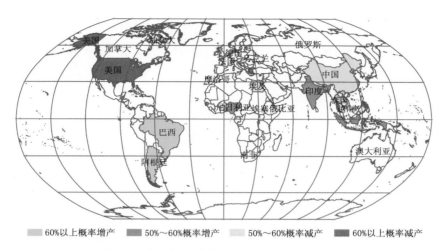

60%以上概率增产　　50%~60%概率增产　　50%~60%概率减产　　60%以上概率减产

图 3.23　拉尼娜对全球不同地区水稻的影响效应

表 3.19　全球不同作物在 ENSO 事件中的平均减产率 d、减产变异系数 v 和减产概率指数 Pc

作物	国家	$d(\%)$		v		Pc	
		厄尔尼诺	拉尼娜	厄尔尼诺	拉尼娜	厄尔尼诺	拉尼娜
小麦	美国	7.52	6.06	0.71	0.70	0.18	0.21
		7.65	9.14	0.50	0.76	0.15	0.21
	加拿大	10.57	13.79	0.91	0.99	0.23	0.34
	巴西	20.0	12.7	0.77	0.83	0.46	0.21
	阿根廷	10.0	7.1	0.93	0.60	0.35	0.16
	中国	6.75	5.82	0.63	0.45	0.10	0.24
	印度	8.24	4.72	0.72	0.83	0.32	0.15
	法国	4.67	9.32	0.56	0.47	0.11	0.22
	德国	4.03	6.42	0.73	0.57	0.18	0.20
	波兰	5.9	5.5	0.65	0.70	0.19	0.17
	罗马尼亚	13.0	16.3	0.46	0.62	0.33	0.37
	东欧	10.3	9.5	0.67	0.74	0.29	0.31
	埃及	6.9	2.8	0.67	1.04	0.24	0.09
	摩洛哥	32.3	23.6	0.54	0.90	0.49	0.34
	埃塞俄比亚	4.1	6.6	0.77	0.65	0.13	0.32
	南非	11.2	9.8	0.65	0.81	0.27	0.23
	澳大利亚	19.40	17.65	0.69	1.03	0.41	0.29
	平均值	**10.7**	**9.8**	**0.68**	**0.75**	**0.26**	**0.24**

注：美国第一行为冬小麦，第二行为春小麦，表 3.20 同

续表

作物	国家	$d(\%)$		v		Pc	
		厄尔尼诺	拉尼娜	厄尔尼诺	拉尼娜	厄尔尼诺	拉尼娜
玉米	美国	7.21	9.23	0.38	0.76	0.16	0.35
	加拿大	8.7	11.0	0.41	0.59	0.28	0.19
	巴西	8.85	5.24	0.85	0.58	0.25	0.16
	阿根廷	6.82	12.87	0.86	0.61	0.17	0.44
	法国	6.0	12.4	0.56	0.88	0.11	0.22
	德国	6.7	5.1	0.50	0.58	0.22	0.09
	中国	5.93	2.89	0.77	0.79	0.27	0.17
	印度	7.3	8.2	0.87	0.51	0.35	0.18
	南非	22.3	18.2	0.86	0.55	0.25	0.38
	埃及	4.1	3.7	1.04	1.05	0.16	0.21
	尼日利亚	13.5	12.5	0.91	0.84	0.36	0.28
	埃塞俄比亚	8.9	11.0	0.76	0.68	0.27	0.31
	平均值	**8.9**	**9.4**	**0.73**	**0.70**	**0.24**	**0.25**
大豆	美国	3.49	6.50	0.65	0.65	0.08	0.28
	加拿大	11.5	8.8	0.69	0.82	0.30	0.22
	巴西	8.67	5.41	0.75	0.51	0.24	0.12
	阿根廷	9.57	12.95	0.83	0.71	0.20	0.39
	中国	9.16	8.40	0.60	0.67	0.27	0.13
	印度	17.6	14.2	0.58	0.72	0.54	0.15
	平均值	**10.0**	**9.4**	**0.68**	**0.68**	**0.27**	**0.22**
水稻	美国	2.3	4.1	0.92	0.60	0.06	0.21
	巴西	6.1	3.1	0.47	0.38	0.27	0.04
	阿根廷	6.7	6.6	0.55	0.59	0.23	0.13
	中国	5.45	3.32	0.78	0.83	0.18	0.15
	印度	7.07	3.58	0.65	1.13	0.28	0.13
	泰国	4.78	2.18	0.74	0.87	0.19	0.06
	越南	5.19	1.53	0.67	0.61	0.18	0.06
	印尼	1.20	0.99	0.80	0.82	0.09	0.07
	埃及	4.6	3.0	0.61	0.97	0.17	0.16
	尼日利亚	4.6	7.2	0.63	0.79	0.15	0.23
	平均值	**4.8**	**3.6**	**0.68**	**0.76**	**0.18**	**0.12**

　　从表 3.19 可以看出,全球四大主要作物中小麦在 ENSO 事件中的平均减产率最高,在厄尔尼诺和拉尼娜事件中的平均减产率分别是 10.7% 和 9.8%,说明小麦在 ENSO 事件中的减产风险高于大豆、玉米、水稻三种作物,其次是大豆(10.0% 和 9.4%)和玉米(8.9% 和 9.4%),水稻风险最低(4.8% 和 3.6%)。

　　很多国家小麦在 ENSO 事件中的平均减产率超过 10%,如加拿大、巴西、罗马尼亚、摩洛哥、澳大利亚等,表明它们在 ENSO 事件中一旦遭遇减产,则减产幅度较大。而且,全球多数国家和地区小麦在厄尔尼诺年的减产幅度大于拉尼娜年,如美国冬小麦、东欧冬小麦、中国、印度、澳大利亚冬小麦、北非各国冬小麦等,而美国和加拿大的春小麦、法国、德国和罗马尼亚的冬小麦则对拉尼娜事件敏感,易在拉尼娜事件中减产。

　　巴西、中国、德国和多数非洲国家的玉米,加拿大、中国和印度的大豆,以及多数国家水稻在厄尔尼诺年的减产幅度大于在拉尼娜年,表明它们对厄尔尼诺事件更为敏感。而加拿大的春小麦、罗马尼亚的冬小麦、阿根廷的玉米和大豆则对拉尼娜事件更为敏感,一般遇拉尼娜年减产幅度更大。

　　表 3.19 显示,加拿大和澳大利亚的小麦、巴西、阿根廷和多数非洲国家的玉米、阿根廷和加拿大的大豆、印度的水稻在 ENSO 事件中的减产变异系数较大,存在更高的减产风险。

　　从减产概率指数来看,巴西、阿根廷、印度、澳大利亚、摩洛哥等地小麦在厄尔尼诺事件中的减产概率指数大于 0.3,显示出较其他地区小麦更高的减产概率和高风险概率分布;而加拿大和埃塞俄比亚小麦在拉尼娜事件中的减产概率指数更高。东欧小麦在厄尔尼诺和拉尼娜事件中的减产概率指数都很高。印度、巴西、阿根廷的水稻在厄尔尼诺年的减产概率指数明显高于其他国家;大多数国家水稻在拉尼娜年的减产概率指数较低,除了美国和尼日利亚。

　　综合考虑以上三个指数,得到全球不同地区不同作物的减产风险指数,如表 3.20 所示,表中同时列出了它们在 ENSO 事件中的减产概率,以便于更直观地理解减产风险指数和减产概率的关系。

表 3.20　全球不同地区不同作物在 ENSO 事件中的减产概率和风险指数

作物	国家	减产概率(%)		减产风险指数	
		厄尔尼诺	拉尼娜	厄尔尼诺	拉尼娜
小麦	美国	40.1	49.6	0.95	0.88
		35.2	48.8	0.56	1.43
	加拿大	39.4	56.0	2.17	4.62
	巴西	67.4	36.3	7.08	2.18
	阿根廷	61.0	33.0	3.19	0.68
	中国	31.6	61.4	0.44	0.63

续表

作物	国家	减产概率（%）		减产风险指数	
		厄尔尼诺	拉尼娜	厄尔尼诺	拉尼娜
	印度	67.0	43.3	1.91	0.59
	法国	34.1	54.0	0.29	0.97
	德国	48	50.4	0.52	0.72
	波兰	48.4	46.4	0.74	0.66
	罗马尼亚	50.8	54.4	1.96	3.78
	东欧	57.1	57.5	2.03	2.16
	埃及	62.6	33.0	1.13	0.28
	摩洛哥	60.6	45.2	8.67	7.15
	埃塞俄比亚	36.3	75.2	0.41	1.38
	南非	48.4	40.9	1.95	1.83
	澳大利亚	59.9	45.2	5.55	5.29
	平均值			**2.33**	**2.07**
玉米	美国	38.6	68.1	0.44	2.54
	加拿大	62.2	46.0	0.99	1.26
	巴西	53.6	47.6	1.88	0.49
	阿根廷	33.4	74.2	0.98	3.45
	法国	27.8	42.4	0.38	2.45
	德国	54.0	28.4	0.73	0.26
	中国	66.3	63.7	1.21	0.38
	印度	70.5	41.3	2.21	0.75
	南非	61.4	54.8	4.89	3.82
	埃及	44.4	64.8	0.69	0.81
	尼日利亚	53.6	45.2	4.48	2.90
	埃塞俄比亚	52.4	68.4	1.84	2.35
	平均值			**1.73**	**1.79**
大豆	美国	27.1	66.6	0.17	1.18
	加拿大	56.8	48.4	2.39	1.58
	巴西	51.6	30.5	1.58	0.33
	阿根廷	38.6	62.6	1.63	3.63
	中国	57.5	34.8	1.49	0.74
	印度	72.2	39.0	5.43	1.57
	平均值			**2.12**	**1.51**

续表

作物	国家	减产概率（%）		减产风险指数	
		厄尔尼诺	拉尼娜	厄尔尼诺	拉尼娜
水稻	美国	28.4	61.4	0.14	0.52
	巴西	69.5	19.8	0.76	0.05
	阿根廷	54.4	33.4	0.86	0.49
	中国	51.6	51.2	0.79	0.43
	印度	62.6	40.5	1.30	0.54
	泰国	52.4	25.2	0.66	0.12
	越南	52.4	23.6	0.67	0.05
	印尼	49.2	40.1	0.08	0.05
	埃及	58.3	54.4	0.48	0.46
	尼日利亚	37.1	48.4	0.44	1.29
	平均值			**0.62**	**0.40**

表 3.20 显示，加拿大、巴西、东欧、摩洛哥、南非、澳大利亚的小麦，多数非洲国家（埃及除外）的玉米在厄尔尼诺和拉尼娜事件中的减产风险指数均大于 1.70，为高减产风险。印度、阿根廷的小麦，巴西、印度的玉米，加拿大、印度的大豆在厄尔尼诺中的减产风险指数高于拉尼娜，美国、阿根廷、法国的玉米和阿根廷大豆则相反，在拉尼娜事件的减产风险指数高于厄尔尼诺。

波兰和埃及的小麦，阿根廷、中国和德国的玉米，巴西、阿根廷和中国的大豆，巴西、阿根廷、中国和印度的水稻在厄尔尼诺事件中的减产风险指数在 0.70 和 1.70 之间，处于中等风险。美国的春小麦，法国、德国、埃塞俄比亚的冬小麦，印度、埃及的玉米，美国、印度的大豆，尼日利亚的水稻在拉尼娜事件中处于中等减产风险。美国冬小麦、加拿大玉米在厄尔尼诺和拉尼娜事件中均处中等减产风险。表中减产风险指数小于 0.70 的，均显示低减产风险。

总体来看，小麦在 ENSO 事件中的减产风险最高，在厄尔尼诺和拉尼娜年的减产风险指数分别为 2.33 和 2.07。其次是大豆，在厄尔尼诺中的减产风险指数为 2.12，在拉尼娜中的减产风险指数为 1.51，较厄尔尼诺中的风险明显下降。玉米在厄尔尼诺和拉尼娜年的减产风险指数分别为 1.73 和 1.79，但在全球不同地区会呈现完全相反的产量波动趋势。水稻是受 ENSO 事件影响最小的作物，在厄尔尼诺和拉尼娜年的减产风险指数分别是 0.62 和 0.40。

图 3.24—3.27、图 3.28—3.31 分别为全球不同作物在厄尔尼诺和拉尼娜年的减产风险等级。从同一作物在不同事件的两两对比可以看出，加拿大、巴西、东欧、澳大利亚、摩洛哥、南非的小麦，非洲中部到南部国家的玉米在厄尔尼诺和拉尼娜事件

中均为高减产风险;阿根廷、印度、法国和德国、埃及和埃塞俄比亚的小麦,美国、巴西和中国的玉米大豆,巴西和阿根廷、中国和印度、尼日利亚的水稻在厄尔尼诺和拉尼娜事件中的风险级别差异较大,如在一种事件中呈现低风险,则在另一事件中呈现中高风险。

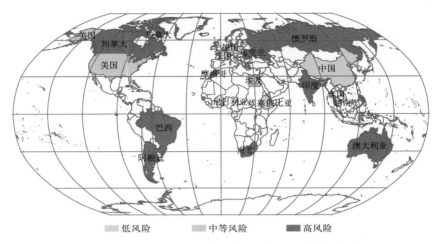

图 3.24　全球不同地区小麦在厄尔尼诺年的风险等级

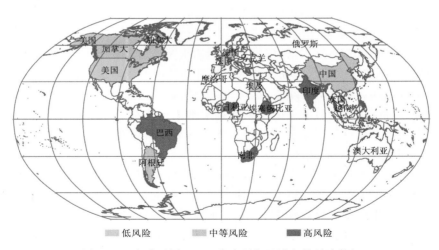

图 3.25　全球不同地区玉米在厄尔尼诺年的风险等级

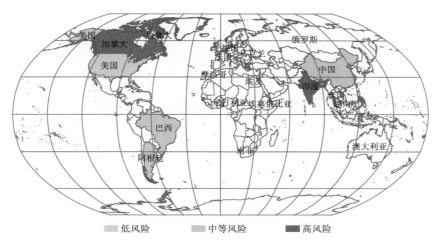

图 3.26　全球不同地区大豆在厄尔尼诺年的风险等级

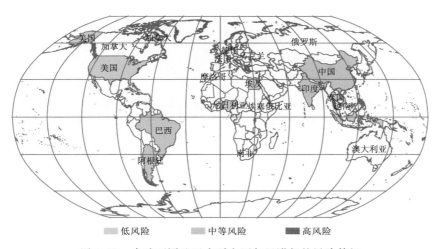

图 3.27　全球不同地区水稻在厄尔尼诺年的风险等级

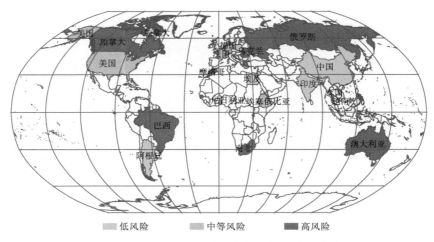

图 3.28　全球不同地区小麦在拉尼娜年的风险等级

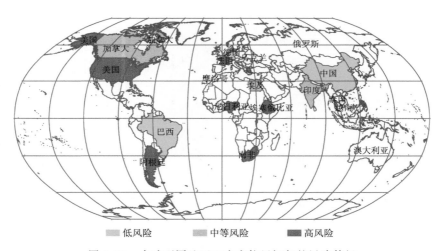

图 3.29　全球不同地区玉米在拉尼娜年的风险等级

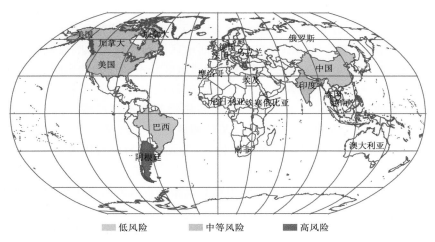

图 3.30　全球不同地区大豆在拉尼娜年的风险等级

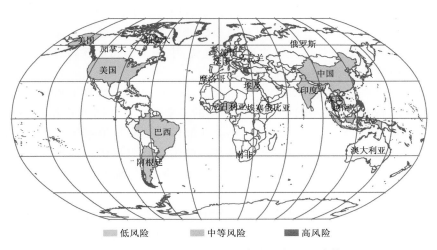

图 3.31　全球不同地区水稻在拉尼娜年的风险等级

3.3.5 ENSO 风险评估的意义和必要说明

3.3.5.1 研究意义

本研究的结果告诉我们,要客观认识 ENSO 事件对全球粮食生产的影响。研究结果显示,厄尔尼诺和拉尼娜事件对全球不同地区不同作物的影响效应是不同的,我们应该客观分析厄尔尼诺或拉尼娜事件对不同地区和不同作物的影响,而不能"谈虎色变",一刀切地认为 ENSO 事件一定会给全球各地农业生产带来灾难,而事实是,遇到厄尔尼诺或拉尼娜年份,某些地区的某些作物产量不减反增。但是我们也应该认识另一个事实,厄尔尼诺或拉尼娜年,某些地区粮食生产确实存在较高减产风险,要根据 ENSO 年份这些地区的气候异常特征,采取相应的应对措施(Podestá et al.,2002;Grabriela et al.,2019;Tayler et al.,2019;Li et al.,2020),通过调整农业生产决策和管理措施趋利避害,通过增强农田水利设施等提高防灾减灾能力,降低粮食生产在 ENSO 事件中的减产风险。

从作物来看,研究显示小麦是 ENSO 事件中最为脆弱敏感的一种作物,其次依次是大豆和玉米,水稻是受 ENSO 事件影响最小的作物。小麦、大豆和水稻在厄尔尼诺中的风险高于拉尼娜,而玉米相反,在拉尼娜年的减产风险更高。

从减产概率来看,在全球重要产粮国家中,印度水稻和小麦、澳大利亚的小麦、巴西的玉米和大豆在厄尔尼诺年减产概率高,而遇拉尼娜年较大概率为增产;但拉尼娜却往往导致加拿大和中国小麦、美国和阿根廷的玉米和大豆减产。美国冬小麦和印尼水稻在 ENSO 冷暖事件中一般均为增产趋势,中国玉米和水稻则表现出对 ENSO 事件的脆弱敏感性,一般为减产趋势居多。

从减产风险来看,在全球重要产粮国家中,美国、阿根廷的玉米和大豆在拉尼娜年的减产风险高于厄尔尼诺年,而巴西、印度的玉米和大豆在厄尔尼诺年的减产风险高于拉尼娜年;加拿大、澳大利亚、东欧小麦在厄尔尼诺和拉尼娜年的减产风险均较高,而印度小麦在厄尔尼诺年的减产风险高。中国在厄尔尼诺年的粮食减产风险普遍较高,除小麦外,玉米、大豆、水稻均处于中等风险水平,而在拉尼娜年粮食生产风险处于较低水平。

从全区不同大洲来看,非洲仍然是 ENSO 事件中的脆弱敏感区,在 ENSO 冷暖事件中均表现出较高风险,在农业生产管理、农业科技支撑、灾害防御等方面有待建设加强。

3.3.5.2 说明

本节关于全球粮食生产在 ENSO 事件的风险研究在全球尺度开展,并以不同国家为单元进行分析和评估,便于从宏观角度全面了解 ENSO 事件对全球的影响效应,也更易于发现不同地区不同作物对 ENSO 事件的响应效果和差异,方便各国更客观地评估自身粮食减产风险,这往往是各国政府和人民更为关心和敏感的问题。虽然在全球尺度上的 ENSO 农业风险研究不多,但以国家或地区尺度开展冷暖事件影响效应或风险的研究较多,很多与本研究的结果是一致的(Andrés et al.,2001; Erin 和 Anyamba,2018)。本研究从全球尺度上对 ENSO 的冷暖两种事件分别进行了粮食减产风险评估,并指出了 ENSO 事件中的高风险地区,为以后的相关领域科学研究及敏感区域区划提供了可供借鉴的资料。

本研究的风险评估主要考虑了作物平均减产率、减产变异系数、减产概率三个因素。而实际上,粮食减产风险与作物产量水平也有一定关系,在减产率一定的情况下,产量水平高,则粮食减产绝对量大,减产风险高。由于产量水平受社会经济因素的影响较大,而且,有些社会经济因素如农产品价格也会通过改变农业生产者的决策进而影响风险水平,政府的承灾防灾能力和水平的高低也会改变一个地区的粮食减产风险等级,因此,本研究为更好地评估因气候事件(ENSO)导致的影响,以指导相关政府和人们应该针对该风险采取相应措施,没有将这些社会经济或人为因素考虑在内,但在全面评估某个地区的粮食减产风险时,社会经济人为条件都是应该考虑的因素。

此外,由于涉及的尺度较大,本研究不论国家大小,均没有开展更精细化的区域差异研究,如中国的玉米和水稻在南北方均有种植,物候和气候条件差异较大,在 ENSO 事件中也呈现出较为不同的天气气候特征,同一 ENSO 事件对中国南北地区的相同作物影响效应一般也存在差异,而在本研究中只采用了一个国家级统计数据进行分析,因此存在一定的不确定性,其结果往往是由总产占比较大的主产区作物主导的。这种更精细化的评估将在未来进一步有针对性地开展。

作物产量分离过程也会引入一定的不确定性(牛浩和陈盛伟,2015;Lu et al., 2017)。本研究中,每个国家和地区的作物产量均借助线性回归等数学方法被分离成趋势产量和气象产量,以研究和定量评估气象因子和作物产量之间的关系。在这个过程中,大多数国家和地区的气象因子和产量之间的相关性都能达到 95% 以上,但在个别非洲国家,由于产量的波动异常剧烈,其相关性降至 85% 左右,也因此而引入一定的不确定性。但所有统计模型均能通过置信度为 95% 的显著性水平检验,因此其结果在总体上还是可以反映全球的整体风险水平。

此外,人类活动的影响可能也会引入一定的不确定性。有研究发现,灌溉系统会改变 ENSO 气候变量和作物的相互作用过程(Zhang et al.,2008)。本研究中中国小麦以及美国水稻对 ENSO 事件较为不敏感(均为低风险)可能就是灌溉的影响体现。

第4章 全球农业气象监测预报基础数据

全球农业气象监测预报所需的基础数据是由全球农业气象监测预报业务的基本内容及其所采用的技术方法决定的。全球农业气象监测的基本内容包括全球农业气象监测评价、全球农作物生长监测评价和全球农作物产量预报三个主要方面,这三部分采用的技术方法将在后面三章逐一介绍,在此之前,先就当前业务所用到的基础数据进行介绍。

4.1 气象观测数据

光、温、水是农作物生长发育必需的三个基本要素。目前全球农业气象监测主要基于全球气象台站交换的地面气象观测数据,而农业气象数据(如日照时数)没有全球共享,因此目前全球农业气象监测主要对气温和降水两个要素进行评价,气温和降水也是影响农作物生长发育和导致农作物产量波动的两个最主要因素。

目前中国气象局可正常获取数据的全球气象站有 11000 多个(见图 4.1),除了非洲部分国家和地区观测站点较少,全球大部农区基本实现全覆盖,其中北美洲、南

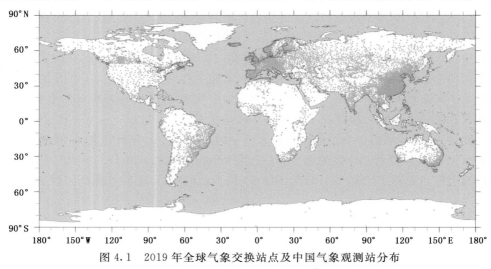

图 4.1 2019 年全球气象交换站点及中国气象观测站分布

美洲、欧洲、亚洲、大洋洲的全球重点产粮区域站点都较为密集,能够满足全球农业气象实时监测的需要。

除了国际交换台站实时观测数据和历史数据,业务上还结合使用历史数据更为完整、时间序列更长的 NOAA/GSOD(global surface summary of the day,简称 GSOD,一般滞后实时 1～2 d)数据等其他全球气象资料,作为备份数据以及满足其他全球农业气象精细化监测的需要。

4.2　遥感数据

遥感数据是除气象数据以外进行全球农业气象监测的另一重要基础数据(许淇等,2019),主要用于农作物生长状况监测和产量估算,以光学遥感为主。

光学遥感进行农作物生长监测主要基于农作物的光谱特征(陈述彭和赵英时,1990;赵英时等,2013),因此用于农作物生长监测的光学遥感传感器要具有蓝、绿、红、红外、近红外、短波红外等适于植被监测的光谱通道,以获取对农作物长势敏感的遥感植被指标,目前国际上应用最广泛的是归一化差值植被指数(normalized difference vegetation index,简称 NDVI),另外还有增强型植被指数(enhanced vegetation index,简称 EVI)、叶面积指数(leaf area index,简称 LAI)等。

大尺度农作物的遥感监测预测一般以中低空间分辨率遥感数据为主,如 1 km 的 NOAA/AVHRR(Advanced Very High Resolution Radiometer,高级甚高分辨率辐射仪)数据、250 m 或 1 km 的 EOS(Earth Observing System,对地观测系统)/MODIS(Moderate Resolution Imaging Spectroradiometer,中分辨率成像光谱仪)数据或 FY(Fengyun,风云)/MERSI(Medium Resolution Spectral Imager,中分辨率成像光谱仪)/VIRR(Visible and Infrared Radiometer,可见光红外扫描辐射计)等。

遥感数据的时间分辨率应能满足实时动态监测的需求,上述中低空间分辨率遥感数据一般具有较好的时间分辨率,能够实时获取当日数据,并根据多日数据合成满足不同应用需求的合成数据产品,如 MODIS 8 d、16 d、月合成数据,FY 旬、月合成数据等。

除用于农作物生长监测和产量估算的遥感数据外,能够获取气象要素的温度和降水遥感数据(产品)也是全球农业气象监测的重要遥感数据源,如用于温度监测的地表温度遥感数据 LST(land surface temperature,地表温度),用于降水监测的降水数据 GPM(global precipitation measurement,全球降水观测计划)等。此外,遥感数据还包括能够用于土壤水分监测的微波遥感数据如 SMAP 数据(soil moisture active and passive,主被动微波土壤湿度)、ESA(European Space Agency,欧空局)/CCI 数据(climate change initiative,气候变化倡议)等。这些能够反演气温、降水、辐射、土壤水分等的遥感数据和地面观测气象数据互为补充,不仅用于农业气象条件的评价,而且用于高温、干旱、洪涝等农业气象灾害的监测与评估,共同完成全球覆盖的农业气象监测任务。

4.3 物候数据

全球不同区域气候差异巨大,一方面南北半球季节相反,另一方面,受所处纬度不同以及地形、地貌等的差异,即使处于相同的半球,气候类型也往往差异较大,因此,全球各地农作物物候期存在较大差异。而农业气象监测评价与农作物的发育期密切相关,因此,物候数据是进行全球农业气象监测预测的基础数据,对客观评价不同地区农业气象条件、农作物生长发育以及农作物估产具有重要意义。全球各地大宗作物的基本物候信息在本书第一章已进行描述。

4.4 农业统计数据

农业统计数据主要包括全球及各国不同农作物的种植面积、单产、总产数据,以及不同国家和地区的农产品产量和贸易数据,其他和农业相关的统计数据等。联合国粮农组织 FAO 农业统计数据库数据对全球免费开放共享,可以查询和下载全球、不同国家和地区的农业统计数据。此外,农业统计数据还包括各国公开发布的农业统计数据。

4.5 土地利用数据

土地利用(landuse)数据是进行全球农作物监测和预报的重要基础数据,一般用来确定耕地的位置,以及用于农作物种植面积遥感自动提取的辅助数据。

土地利用数据是动态变化的,一般从地表覆盖(landcover)数据中提取。20 世纪 90 年代以来,国内外先后有多套全球地表覆盖数据产品研制并实现全球免费共享,时空分辨率也在不断更新。同时 2015 年全球首套农业用地数据集面世,以下对其以及几种影响和应用较为广泛的全球土地覆盖数据集分别进行介绍。

IGBP-DISCover 数据集

该数据集是 IGBP-DIS(International Geosphere-Biosphere Program Data and Information System,国际地圈生物圈计划数据信息系统)的土地覆盖产品,提供 17 类土地覆盖种类,IGBP 土地覆盖分类也成为后续土地覆盖产品经常借鉴的分类方案之一(Loveland et al.,2009)。IGBP-DISCover 土地覆盖数据集基于 1992 年 4 月—1993 年 3 月的 1 km AVHRR 数据得到,被采样成 0.25°、0.5°、1.0°三种空间分辨率的格点产品。

USGS/GLCC 数据集

USGS/GLCC(global land cover characterization,全球土地覆盖特征)是美国地质调查局(USGS, United States Geological Survey)存档的全球土地覆盖产品,它基于 1992 年 4 月—1993 年 3 月 1 km AVHRR 10 d 合成 NDVI 产品,采用非监督分类方法并经过分类后处理获得,也整合了多种分类方案,其中包含 IGBP 17 类土地覆盖分类法。USGS/GLCC 分辨率为 1 km,提供洲和全球尺度两种产品数据集,每种数据集均采用两个版本,其中版本 1 经过精度评估,版本 2 是动态更新的,没有进行精度评估。

USGS-NASA/GLS 数据集

美国地质调查局(USGS)和美国国家航空航天局(NASA)合作创建的全球土地调查数据集 GLS(global land survey,全球土地调查),主要基于 1972—2012 年的 landsat 数据,空间分辨率为 30 m。

ESA/CCI/LC 数据集

欧空局 ESA/CCI 土地覆盖项目(ESA CCI land cover project)的产品,并不断更新,目前时间覆盖范围为 1992—2015 年,空间覆盖范围纬向 $-90°\sim+90°$,经向 $-180°\sim+180°$,空间分辨率 300 m,坐标系统为地理坐标 WGS84。该产品地表覆盖产品分类依据联合国粮食农业组织土地覆盖分类系统(LCCS, land cover classification system)。

ESA-GlobCover

欧空局(ESA)联合欧洲委员会联合研究中心(JRC,Joint Research Center)、欧洲环境署(EEA,European Environment Agency)、联合国粮农组织(FAO)、联合国环境规划署(UNEP, United Nations Environment Programme)、全球森林覆盖观测与土地利用变化动态组织(GOFC-GOLD,Global Observations of Forest Cover and Land-use Dynamics)、国际地圈-生物圈计划(IGBP)等研发的全球土地覆盖数据。它基于环境监测卫星(ENVISAT)中度解析成像光谱仪(MERIS)的 300 m 数据分类得到,并提供两个时段的数据,一是 2004 年 12 月—2006 年 6 月,另一个时段是 2009 年 1—12 月(http://due. esrin. esa. int/page_globcover. php)。ESA-GlobCover 的分类体系和欧盟全球土地覆盖数据集 GLC2000(Global Land Cover2000)一致,GLC2000 是欧洲委员会联合研究中心研制的另一套全球土地覆盖数据。

NASA/MODIS/LCTD 数据集

该数据集全称为 MODIS 土地覆盖类型和动态变化(MODIS land cover type/dynamics)数据集,它基于 Terra 和 Aqua 传感器数据,整合了多种土地覆盖分类方案,并使用先验知识和辅助信息进行后处理得到,共有 17 个 IGBP 定义的土地覆盖类型,其中 11 种自然植被类型。其中土地覆盖动态变化产品还包括了植被生长、成熟和衰老的时间图层以记录季节周期,每年提供两次植被物候历,均为 12 个月,分别是 7 月—次年 6 月、1—12 月,不仅充分考虑南北半球植被生长的季节差异,而且使之能够捕捉两个生长周期。

MODIS 土地覆盖类型和动态变化数据集有三个数据产品:MCD12Q1、MCD12C1、MCD12Q2,均为 L3 级数据产品,目前已经是第 6 版。其中,MCD12Q1 和 MCD12C1 为土地覆盖年产品(2001—2018 年),是同一数据的不同表达形式,前者为空间分辨率 500 m 的土地覆盖类型产品,后者为 0.05°气候模型格点产品;MCD12Q2 为 1 km 土地覆盖动态变化年产品(2001—2017)。

中国国家基础地理信息中心/GlobeLand30 数据集

GlobeLand30 是国家基础地理信息中心联合北京师范大学、清华大学、中国科学院遥感所等 18 家单位,在中国国家高技术研究发展计划(即 863 计划)支持下,研制的 30 m 全球地表覆盖数据产品,并免费共享(陈军等,2014,2017;曹鑫等,2016)。它包括 2000 基准年和 2010 基准年两期,有耕地、森林、草地、灌木地、湿地、水体、苔原、人造地表、裸地和冰雪十大类型,第三方评价总体精度为 83.50%。

中国 CG-LTDR 数据集

CG-LTDR(China and Global Long Term Data Recorder,全球及中国区域长时间序列卫星遥感数据集)是由国家卫星气象中心和中国科学院地理科学与资源研究所等单位联合研制的全球地表覆盖数据年产品,它融合 500 m MODIS 数据和 0.05° AVHRR 数据,时间范围覆盖 1982—2011 年(张丽娟等,2017)。CG-LTDR 数据集包含地表反照率、叶面积指数、土地覆盖类型、植被指数和积雪覆盖 5 个参数数据集(张艳等,2017)。其中,地表覆盖数据集主要采用层次分类方法,即先按地理特征区分大类,然后在大类上进一步选择地理特征区分小类,最后将下垫面分为耕地、草地等 15 种土地利用类型。

GLASS-GLC/FROM-GLC 数据集

GLASS-GLC(global land surface satellite-global land cover)是清华大学宫鹏科研团队最新研发的一套全球陆表卫星全球土地覆盖数据集 GLASS-GLC,具有 5 km 空间分辨率和 34 年长时序逐年动态土地覆盖数据。该数据集以 1982—2015 年的全球陆表特征参量数据集(GLASS CDR)为数据源,涵盖耕地、森林、草原、灌木、苔原、裸地和冰雪七大土地覆盖类别,经全球独立样本库检验,数据集年平均精度达82.81%,同时还能向用户提供详细的制图不确定性空间分布图。同已有土地覆盖数据产品相比,GLASS-GLC 数据集具有高精度、高一致性、高可比性、更丰富类别信息和更长时间覆盖范围的特点,填补了当今世界已有制图产品的空白(Liu et al.,2020)。在此之前,宫鹏团队还研发了 FROM-GLC30、FROM-GLC10(finer resolution observation and monitoring of global land cover,简称 FROM-GLC)全球土地覆盖产品,空间分辨率分别为 30 m、10 m(Gong et al.,2013;Yu et al.,2013)。

UMD-GLCF/LC 1998 数据集

是美国马里兰大学全球土地变化数据中心（UMD-GLCF，the University of Maryland-Global Land Cover Facility）研制的全球土地覆盖产品，它基于 1981—1994 年的 1 km AVHRR 数据，共有 14 类独立的地表覆盖类型（Hansen et al.，2000）。目前马里兰大学正在开展 USGS 和 NASA 联合支持的基于 Landsat 的全球土地覆盖和土地变化监测研究（Potapov et al.，2020）。

IIASA-IFPRI 全球农业用地地图（Cropland Map）

由国际应用系统分析研究所（IIASA）和国际食品政策研究所（IFPRI）联合绘制，团队主要由来自 18 个国家的 32 名研究人员组成，于 2015 年发布，分为《全球农田地图》和《全球农地面积地图》，旨在为政府和科研机构获取农地信息提供有力支持。IIASA-IFPRI（International Institute for Applied Systems Analysis and International Food Policy Research Institute）农田地图是世界上首套全球农业用地专门地图（数据），它不仅借鉴了 GlobCover 2005 和 MODIS/LC（第 5 版）等现有土地覆盖产品，还融合了各种机构和组织的区域或国家尺度的相关土地利用产品（Fritz et al.，2015）；该数据集以 2005 年为基准年，空间分辨率为 1 km，并实现了免费共享。

4.6　基础地理信息数据

全球基础地理信息数据包括全球不同国家的疆域和行政区划数据，是进行制图显示和信息统计的重要基础数据，目前使用的是国家基础地理信息中心的全球 1∶100 万地形数据，其中包含全球各国家省级以上政区、水体、水系、植被要素、地理网格等。

第5章　全球农业气象监测评价技术

全球农业气象监测评价和国内农业气象监测评价一样,都是从影响农作物生长的基本气象要素入手,结合农作物发育期,对影响农作物生长发育的气象条件进行综合评价。所不同的是,全球农业气象监测评价的尺度较大,且受数据和技术条件的制约,因此,在所选取的指标和评价方法上也略有不同。

5.1　主要气象要素指标

气温和降水是最基本的气象要素,也是气象监测评价的两个主要气象要素指标。对气象条件的时空差异性进行评价,一般采用平均气温、平均气温距平、累积降水量、降水距平百分率这四个最基本的气象要素评价指标,而对应的时间可以是日、旬、月、季或作物生长季等任意尺度。全球农业气象监测评价的主要内容包括全球不同区域单元(如大洲或国家)日、旬、月、季或作物生长季等不同时间尺度的气温和降水情况。

平均气温

是气象站点日平均气温在某一时间段内(以天数计,下同)的算术平均值,可以反映某一时间段内气温的总体状况,日平均气温是日最高气温和日最低气温的算术平均值。

平均气温距平

是某一时间段内的平均气温与常年值(一般采用30 a气候平均值)的差,如果为正值,则说明该时段内的平均气温较常年同期偏高,如果为负值,则说明平均气温较常年同期偏低。

累积降水量

是某一时间段内的日降水量的和。

降水距平百分率

是某一时间段内的降水距平值占常年值的百分数(％),它可以反映降水偏离常态的程度。

5.2　主要农业气象要素指标

除了气温和降水等基本气象要素指标外,农业气象条件评价往往还涉及和农作物生长发育相关的农业气象要素指标或农业气象灾害致灾指标等,除了日照时数、土壤湿度等农业气象要素指标需要观测以外,其余农业气象要素指标一般可以基于基本气象要素得到。农业气象要素指标和基本气象要素指标相比,能更直接地评价基本气象要素对农作物生长发育的影响。

受全球农业气象数据局限,目前主要使用积温、高温日数、阴雨日数、无雨日数等农业气象评价指标,它们可以基于气温和降水等基本气象要素得到,在一定程度上能够表征农作物生长环境状况以及光、温、水胁迫状态。这些评价指标一般通过基本气象要素日值按照农作物生长发育的界限温度等阈值指标计算得到,可以进行农作物生长发育的利弊条件分析,进而对农作物生长状况和产量要素等进行评估。

积温

积温是指农作物整个或某个发育时期内,某一界限温度以上逐日平均温度的累积值,是研究热量与作物生长发育之间关系和评价热量资源的一种指标,从强度和作用时间两个方面表示温度对作物生长发育的影响,一般以摄氏度·日(℃·d)为单位(姜会飞和郑大玮,2008)。最常用的有活动积温和有效积温。

活动积温是作物某生育期或全部生育期内高于生长下限温度的日平均温度总和(姜会飞和郑大玮,2008)。活动积温常作为某地气候热量资源的指标,活动积温越多,表示某地气候热量资源越丰富,作物生长发育所需的热量越充分。

有效积温是作物在某生育期或全部生育期内日有效温度(即日平均温度与生长下限温度之差)的总和(姜会飞和郑大玮,2008)。由于有效积温剔除了生物学下限温度以下的温度,因此常用来表示作物的生长发育对温度的要求。

此外,冬季0℃以下的日平均温度的累加常用"负积温"来表示,表征冬季严寒程度,可用于分析越冬作物冻害问题(肖金香等,2009)。

高温日数

高温日数一般按照不同作物高温致灾阈值进行天数统计,如玉米、水稻等作物生殖生长期,高温易导致作物授粉不良、结实率降低、灌浆减缓或停止等,从而影响产量。高温日数可在一定程度上反映高温灾害的强度或高温灾害频次。

阴雨日数

阴雨日数一般按照日降水量≥0.1 mm的天数进行累计统计,可用于评价多雨寡照天气对农作物的可能影响。阴雨天气多,不仅影响作物光合作用,导致作物生长缓慢,同时对作物开花授粉、产量形成等也会产生不利影响。

无雨日数

无雨日数一般按照日降水量<0.1 mm的天数进行统计,一般和气温要素相结合,用于评价高温少雨可能导致的干旱,由此对农作物产生的影响。

土壤湿度

土壤湿度就是土壤的干湿程度,一般用土壤含水量与田间持水量的百分比(即土壤相对湿度)来表示,是农业气象监测评价的重要指标。

5.3 全球农业气象监测评价方法

5.3.1 气象指标评价法

气象指标评价法是最基本、最常用的农业气象评价方法,主要基于基本气象要素指标和农业气象指标完成。气象指标评价产品也是农业气象监测评价的最基础产品,一般包含最基本的气象要素如气温和降水的定量评价,通过图文结合的方式,明确描述农区的气象条件及其时空分布对作物生长发育的影响。如图5.1—5.4是对北美重要产粮国家美国的气温和降水两个最基本气象要素的监测图,采用了月平均气温、月平均气温距平、月累积降水量和月降水距平百分率四个常规气象指标来对其月度内的气象条件以及对农业生产的影响进行评价。

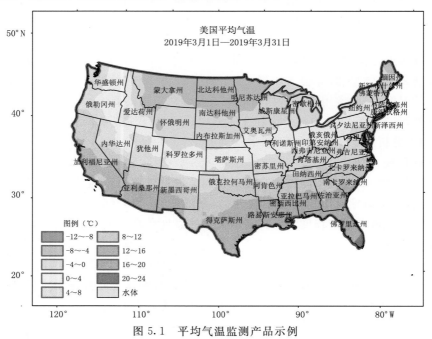

图5.1 平均气温监测产品示例

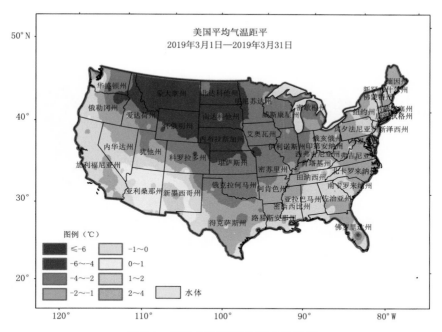

图 5.2　平均气温距平监测产品示例

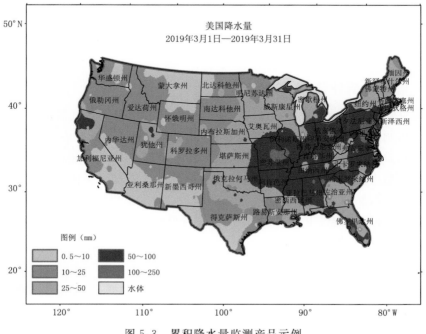

图 5.3　累积降水量监测产品示例

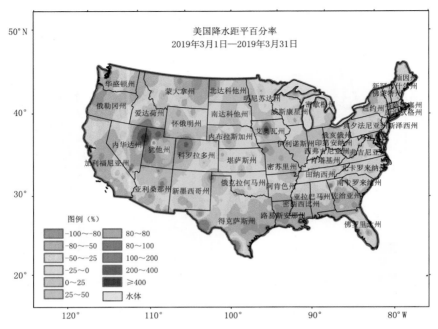

图 5.4　降水距平百分率监测产品示例

气象指标评价必须结合农作物类型、农作物种植区、农作物发育期等进行，只有将气象要素和农作物生长发育相结合，才能准确评估气象条件对农作物生长发育的影响和预测其未来产量趋势。

5.3.2　遥感反演评估法

遥感反演法是全球农业气象监测的重要方法。和国内农业气象监测相比，全球农业气象监测的尺度大，地面监测数据少，因此卫星遥感成为全球农业气象监测的重要数据源和重要技术手段。卫星传感器获取的地表数据，基于特定的数学模型，可以反演出地表温度、水体、土壤湿度、植被状况指标等（祝善友和张桂欣，2011；吴黎等，2014；张丽文等，2014；夏权等，2015；徐沛和张超，2015；王俊霞等，2019），进而对农作物的生长环境以及高温、干旱、洪涝等灾害进行监测评估（李颖等，2014；蒙继华等，2014；查燕等，2017；张喜旺等，2018）。

5.3.2.1　农业干旱监测

遥感干旱监测多从三个角度进行：作物形态及绿度的变化、冠层温度的变化、土壤或植被含水量的变化，或者依据他们的组合变化（刘志明等，2003；王鹏新和孙威，2007；路京选等，2009；赵广敏等，2010；陈阳等，2011；宋炜，2011；胡文英等，2013；刘欢等,2012;孙灏等,2012;翟光耀等,2013;郭铌等,2015;黄友昕等,2015;周磊等,2015;王利民等,2018)。作物形态及绿度变化法主要基于在干旱胁迫积累到一定程度后植被会出现形态及绿度的变化这一规律,因此一般借助对此敏感的可见光(尤其红光)和近红外通道,借助植被指数构建遥感干旱指标,如距平植被指数和植被状况指数。冠层温度变化法主要依据植物受旱时叶片气孔关闭、减少蒸腾,导致冠层表面温度升高的原理,通常借助遥感地表温度数据 LST,如温度状况指数 TCI(temperature condition index),植被供水指数 $VSWI$(vegetation supply water index)等。土壤或植被含水量变化法则借助对土壤或植被水分含量敏感的光谱通道如近红外、短波红外或主被动微波等来构建模型以表征干旱,如垂直干旱指数 PDI(perpendicular drought index)、热惯量法、归一化水分差异指数 $NDWI$(normalized difference water index)以及微波反演法等。

通过综合比较各种遥感干旱指数须采用的数据及模型适用性,以及满足全球监测业务运行的可行性,认为以下几种干旱指数比较适于全球大尺度监测的遥感干旱。

植被指数距平法

植被指数距平法采用距平植被指数 AVI(anormaly vegetation index),其公式如下:

$$AVI = NDVI_i - \overline{NDVI} \tag{5.1}$$

式中,$NDVI_i$ 为当年植被 $NDVI$,$\overline{NDVI}$ 为 $NDVI$ 多年平均值。

距平植被指数中的 $NDVI$ 数据可以采用较大时间跨度的 $NDVI$ 合成值,因为干旱的胁迫表现在作物上需要一定的时间,同时合成 $NDVI$ 也相对稳定,一般去除或降低了天气等因素的影响。当出现大范围 $AVI<0$ 而没有明显的其他胁迫因素时,一般提示植被生长受到干旱胁迫。

由于植被指数除了受干旱影响外,还会受湿渍害、病虫害、肥力等诸种因素的单一作用或相互作用影响,因此基于植被指数进行干旱监测会有一定的不确定性。但是,由于干旱的发生往往具有明显的区域性,通过大尺度植被指数距平监测往往较易发现干旱的发生,同时植被指数数据使用广泛,易获取,处理相对简单,因此在大尺度农业干旱监测中具有明显优势而常被采用。

植被供水指数法

植被供水指数法和植被指数距平法相比同时考虑了干旱对植被影响的两个响应因子,一个是反映植被生长状况的植被指数,另一个是反映植被受旱时的冠层温度变化,其公式如式(5.2):

$$VSWI = \frac{NDVI}{T} \tag{5.2}$$

式中,$VSWI$ 为植被供水指数,$NDVI$ 和 T 分别为归一化差值植被指数和作物冠层温度,作物冠层温度一般采用卫星遥感得到的地表温度 LST 数据,因为作物区有植被覆盖的地表温度实际为作物冠层温度。

从式(5.2)可以看出,$VSWI$ 与 $NDVI$ 成正比,与 T 成反比,即当植物受旱时,植被生长状况变差($NDVI$ 较正常生长时变小),作物冠层温度上升(T 增大),因此 $VSWI$ 值变小。因此,$VSWI$ 值越小,则表示干旱越严重。

热惯量法

热惯量(thermal inertia)是度量物质热惰性(阻止物理温度变化)大小的物理量。由于水的热惯量比土壤高,因此含水量较高的土壤昼夜温差较小,即对于同一类土壤而言,含水量越高其热惯量就越大。由于土壤真实热惯量的遥感反演非常困难,一般无法直接获取热惯量模型中的密度、热传导率、比热容等土壤参数,Price(1977)根据地表热量平衡方程和热传导方程提出的表观热惯量(apparent thermal inertia,简称ATI)更适于干旱遥感监测业务(Price,1977),其公式如式(5.3):

$$P = \frac{(1-A)}{\Delta T} \tag{5.3}$$

式中,P 为表观热惯量,A 为反照率,ΔT 为昼夜地表温差,一般由午后(日最高)和夜间(日最低)的地表温度数据获得。

5.3.2.2 洪涝监测

光学遥感和微波遥感均可进行洪涝监测。光学遥感时间分辨率低、覆盖范围大、数据易获取且处理便捷、成本低,但有时受天气条件限制;微波遥感可全天候监测,但数据可获取性相对较差,数据处理相对复杂。

洪涝监测的关键是将水体和陆地(裸地或有植被覆盖)分开,依据水体、植被、土壤的光谱反射特性,光学遥感通常采用可见光、近红外、短波红外、中红外、热红外等通道进行水体的识别与提取。

采用可见光和近红外两通道是最简便易行的方法,对于白日晴空条件下,中国气象局气象行业标准(QX/T 140—2011)中水体的判别标准为公式(5.4)(刘诚等,2011):

$$\begin{cases} R_v \leqslant TH_v \\ R_{nir} \leqslant TH_{nir} \\ RD_{v\_nir} \leqslant TH_{v\_nir} \end{cases} \tag{5.4}$$

式中,R_v、R_{nir}、RD_{v_nir} 分别为星载传感器的可见光($0.55 \sim 0.68~\mu m$)、近红外($0.725 \sim 1.25~\mu m$)波段反射率以及二者的差值,TH_v、TH_{nir}、TH_{v_nir} 分别为 R_v、R_{nir}、RD_{v_nir} 对应的参考阈值,分别为 18%、10% 和 0,考虑地理条件和卫星过境时间的差异,阈值可在 ±5% 内调整。

另一种较常采用的光学洪涝监测方法是直接采用归一化差值植被指数 $NDVI$(水体 $NDVI \leqslant 0$)(魏丽,1996),即只采用了可见光通道中的红光波段和近红外波段信息,可以较为有效地区分有植被覆盖的陆地和水体,且比较便捷,因此常被采用,但注意必须去除云的干扰和影响。

红光、近红外有时结合热红外通道一起用于洪涝监测（裴志远和杨邦杰，1999；张玉书等，2006a，b），所采用的公式如下（见公式（5.5））：

$$(NDVI < R_0) \bigcap (R_{nir} > R_1) \bigcap (R_{tir} > R_2) \tag{5.5}$$

式中，R_0、R_1、R_2 分别为不同的阈值，R_{nir} 和 R_{tir} 分别为近红外和热红外的反射率。

5.3.3　典型年对比评价法

典型年对比法并非独立于气象指标法和遥感反演法的第三种方法，而是因为它在气象观测评价和遥感监测评价中都常被采用，而单独列出来介绍，它是一种较常用的间接评价方法。典型年可以是相似年份，也可以是极端年份，主要取决于为满足哪种特定的监测或预报需要。典型年对比评价基于当年和典型年的基本气象要素，通过设定一定的条件或模型，来制作具有特定指示意义的定量化评价产品，并以典型年为基准或参照，来对比评估当年气象条件的优劣情况及对农作物的可能影响和未来发展趋势。

上一年、常年（气候平均）以及极端年份通常被采用作为典型年来进行对比评价。上一年是离当年最近的年份，人们往往对上一年的状况比较了解和熟悉，其带来的影响已成既定事实而被广泛接受，因此在监测预报时常被用来作为对比年份；与常年对比，可以准确评估当年接近或偏离常态的程度；上一年和常年常被同时采用进行当年气象条件评价。极端年份常用于（潜在）重大农业气象灾害发生时的监测评估。

图 5.5 是面向美国冬小麦产量预报的典型年对比气象监测产品。气温和降水是影响美国冬小麦产量的两个最主要因素，因此分别进行监测评价（图 5.5），监测产品采用和上一年、常年及近年典型年对比的方法。2013 年为美国冬小麦近 5 年中气象条件偏差的年份，因而作为典型年份与当年进行对比。

图 5.5　平均气温(a)和降水量(b)典型年对比评价示例

　　典型年对比有时还用于作物特定发育期的对比评价,如通过美国玉米大豆播种期的气温、降水与典型年对比,结合作物生长监测,可以评估当年美国玉米大豆播种进度的快或慢(见 6.2 节)。典型年对比在遥感监测评价中更为常用,具体在第 6 章会有详细描述。

第 6 章　全球农作物生长监测评价技术

由于全球范围内的农作物生长站点观测信息很难获取,因此全球尺度上农作物生长监测的方法主要采用遥感方法。农作物生长状况的遥感监测在中国一般称为作物长势监测,早期也称作物苗情长势监测(李郁竹等,1993)。作物长势的定义是中国学者针对遥感反演农作物生长状况而提出的描述方法,最早由杨邦杰和裴志远(1999)提出,它从遥感监测农作物的模型和视角出发,用"长势"一词定义了作物生长状况的时空差异,一直沿用至今。在国外,描述农作物生长状况一般用 crop condition 或 crop growth condition。

遥感进行农作物长势监测评估的探索和研究至今已四五十年,国内外围绕其指标和定量化表达开展了大量的研究,其遥感机理、指标、模型等均已取得较多成果(李郁竹等,1993;Gitelson et al.,1998;吴炳方,2000;Kogan,2001;江东等,2002;吴炳方等,2004;蒙继华,2006;赵英时等,2013;蒙继华等,2014;陈怀亮等,2016;韩衍欣等,2017;黄健熙等,2018),其中基于多光谱或高光谱遥感的归一化差值植被指数、增强型植被指数、叶面积指数、光合有效辐射吸收比率等遥感指标,以及年际比较模型、植被状况指数模型、温度植被状况模型(Kogan,1995,1998)等被广泛应用,尤其归一化差值植被指数和年际比较模型、植被状况指数模型至今仍在全球范围内广泛应用,如美国农业部(USDA)(Kogan,2001)、联合国粮农组织(FAO)(FAO,2018)、中国农业农村部(裴志远等,2000;杨邦杰等,2001;杨邦杰,2005)、中国气象局(钱永兰等,2012,2016b)等业务化应用中均采用了上述指数和模型。

农作物生长状况监测是全球农业气象监测的基本内容(刘海启等,2018),主要包括农作物长势监测和生长过程监测,其主要目的是分析农作物当前生长状况及预估未来产量趋势。本节结合实例就全球农作物生长遥感监测的基本方法进行介绍,涉及公式均采用归一化差值植被指数(NDVI)为例。

6.1 长势空间实时监测

6.1.1 监测时段

农作物长势监测的时段一般覆盖农作物的全生育期,但由于作物出苗一般需要一段时间,而且幼苗期土壤背景的影响较大,因此,其遥感监测的时间一般从大范围播种后的次月开始。农作物进入成熟期后,$NDVI$ 值开始下降,对农作物产量的指示意义变弱,但对于收获时间的评估以及后期生长异常仍有一定的指导意义,因此可直至作物收获,一般可于大范围收获前的半个月结束。

6.1.2 监测周期

理论上,农作物长势实时监测可以以天、候、旬、月等为重复周期,但由于气象条件对农作物的影响一般具有一定的滞后性,同时遥感数据的接收及前期处理也需要一定的时间,尤其全球尺度上,遥感数据的处理量巨大,因此目前全球农作物长势监测的周期一般采用旬和月等多日周期,以满足不同评估的需要。同时,多日尺度为周期可直接采用标准数据产品,如采用 MODIS 的 8 d、16 d 合成数据产品,可完成农作物长势 8 d、16 d 为周期的监测。日监测周期可以实现(Qian et al. ,2019),只是在数据处理、运算和存储等方面有更高的要求,目前全球尺度的业务化应用较少。

6.1.3 监测模型

6.1.3.1 年际比较模型

年际比较模型是应用最为广泛的农作物(植被)长势监测模型之一,其基本公式如下(公式(6.1)):

$$\Delta NDVI = NDVI_i - NDVI_0 \qquad (6.1)$$

式中,$NDVI_i$是当年遥感植被指数,$NDVI_0$是参照年遥感植被指数,$\Delta NDVI$ 是当年遥感植被指数与参照年的差值,当 $\Delta NDVI > 0$,表示当年农作物长势好于参照年,$\Delta NDVI$ 越大,长势越偏好;当 $\Delta NDVI < 0$,表示当年农作物长势差于参照年,$\Delta NDVI$ 越小,长势越偏差;$\Delta NDVI = 0$,表示当年农作物长势和参照年持平。在实际应用中,一般为 $\Delta NDVI$ 设置合理的阈值,将农作物长势分成偏好、持平、偏差三级或五级来评价(图 6.1),也可以如图 6.2 一样直接使用 $\Delta NDVI$ 值逐级显示,采用渐变色彩能更直观地体现作物长势的细微空间差异(QT/X 364—2016)(钱永兰等,2016b)。

长势年际比较模型结果能够直观地显示出农作物当年长势和参照年相比,长势

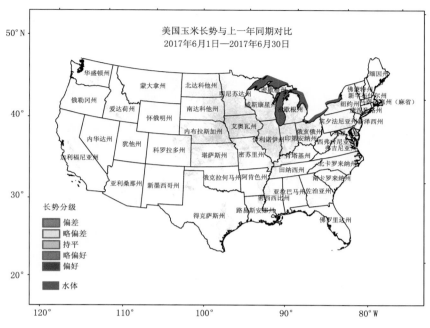

图 6.1　农作物长势分级评估

优劣的空间差异性；如图 6.1，分级评估图能明确地显示出 2017 年 6 月，美国明尼苏达州南部、艾奥瓦州北部、伊利诺伊州北部、印第安纳州北部等地玉米长势与上一年同期相比偏差，而模型原始值的逐级显示更能表现出玉米长势的空间差异细节（见图 6.2）。

根据年际比较模型的结果和分级评估阈值，可以基于不同的地理单元如大豆产区、州等，统计出不同地理单元农作物当年长势和参照年对比优劣的占比，从而为产量趋势预测提供参考依据。

长势年际比较模型的参照年可以是上一年或任意其他年份，也可以是多年平均值。年际比较模型可以直观评估农作物当年生长状况与参照年份的对比情况。

6.1.3.2　植被状况指数

年际比较模型能够反映农作物当年与参照年的对比情况，如果参照年采用多年平均值，则能够反映出当年农作物生长状况与常年的对比是好还是坏，但比较粗略。如果想确定当年农作物生长状况在常年中所处的位置，以更准确地估计当年农作物的产量水平与趋势，则一般采用极值模型植被状况指数（vegetation condition index，简称 VCI），其公式如下：

$$VCI = \frac{NDVI - NDVI_{\min}}{NDVI_{\max} - NDVI_{\min}}$$

（6.2）

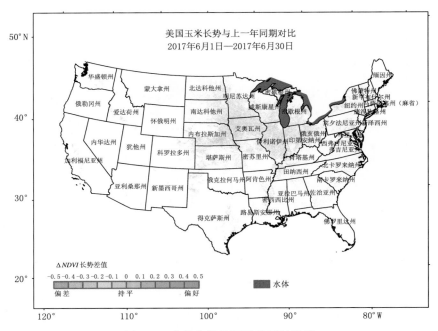

图 6.2 农作物长势原始值逐级显示

式中，$NDVI_{max}$，$NDVI_{min}$ 分别为同一遥感像元上多年 $NDVI$ 的最大值和最小值，$NDVI$ 为该像元上的当年 $NDVI$ 值。

从式(6.2)中可以看出，VCI 能够明确反映当年农作物生长状况与历史极值的对比情况。如果 $NDVI \geqslant NDVI_{max}$，则 $VCI \geqslant 1$，表明当年农作物长势等于或突破历史极大值，长势很好；如果 $NDVI \leqslant NDVI_{min}$，则 $VCI \leqslant 0$，表明当年农作物长势等于或突破历史极小值，长势很差；如果 $NDVI_{min} < NDVI < NDVI_{max}$，则 $0 < VCI < 1$，说明当年农作物长势介于历史最大值和最小值之间，VCI 越大，表明农作物长势越好。

图 6.3 采用了 2014—2018 年 FY-3B 的月合成 $NDVI$，制作了 2019 年 6 月美国大豆植被状况指数 VCI 监测图。如图所示 2019 年 6 月美国艾奥瓦州、伊利诺伊州等主产区大豆 VCI 均小于 0(图中红色显示)，表明上述地区大豆 $NDVI$ 突破了历史极小值(即 2014—2018 年中最差年份的大豆 $NDVI$ 值)，因此该 VCI 监测图表明，2019 年美国大豆长势偏差，尤其主产区大豆长势大部突破近 5 a 极小值，因此预计与上一年相比为减产年，且幅度较大(>5%，按近 5 a 最低即 2014 年单产粗略估计是 6.1%)。表 6.1 列出了 2019 年美国大豆 6—8 月的逐月 VCI 平均值，显示 2019 年 6 月、7 月美国大豆的平均 VCI 分别为 0.08、0.07，均接近 0 值，8 月 VCI 有所上升，而这主要是由于 2019 年前期气象条件偏差导致的发育期滞后(晚熟)引起的 $NDVI$ 和 VCI 偏大，而不是 8 月份长势偏好。综合美国大豆主要生长季的 6、7、8 三月的 VCI

值可预估,2019 年美国大豆单产将接年近 5 a 的最低值,这与美国公布的最终产量结果是相符的(表 6.2),2019 年美国大豆单产为 46.9 蒲式耳·英亩$^{-1*}$,接近近 5 a 单产最低的 2014 年(47.5 蒲式耳·英亩$^{-1}$),较上一年减产 7.3%。因此,采用 VCI 可以较好地评估农作物长势在历史同期中的水平,并较准确地预测农作物未来产量趋势。

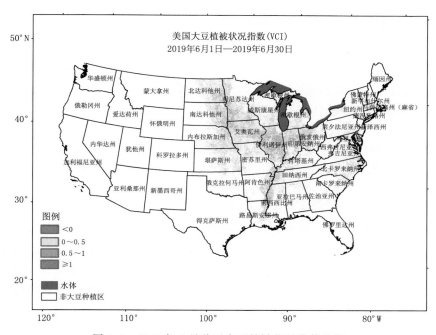

图 6.3　2019 年 6 月美国大豆植被状况指数监测

表 6.1　2019 年 6—8 月美国大豆平均 VCI 值

	6 月	7 月	8 月
VCI	0.08	0.07	0.56

---

　　* 蒲式耳是英国、美国、加拿大、澳大利亚等国家常用的一种计量单位,类似于我国旧时的斗、升等计量单位,英文为 bushel 或简写为 bu。蒲式耳与千克的转换在不同国家以及不同农产品之间是有区别的,除了在大豆和小麦上基本一致外(一蒲式耳=27.216 kg),其余作物的转换基本都存在一定差异。依据国际单位换算标准,1 t 小麦=38.01 蒲式耳,1 t 大豆=36.9 蒲式耳。蒲式耳是行业统计中的习惯计量概念,在贸易结算中,还是以实际重量为准。1 英亩=0.4046856 hm^2,余同。

表 6.2　2014—2019 年美国大豆单产　　　　　单位:蒲式耳·英亩$^{-1}$

	2014 年	2015 年	2016 年	2017 年	2018 年	2019 年
大豆单产	47.5	48.0	51.9	49.3	50.6	46.9

数据来源:美国农业部农业统计局(USDA/NASS)

图 6.4 中绿线为 2000—2018 年中国冬小麦主产区冬小麦植被状况指数,它可以直观反映出各年冬小麦入冬初期长势的差异情况,入冬前长势不会和来年冬小麦产量直接挂钩,但是是冬小麦群体基础的整体反映(图 6.4)。

6.1.3.3　比值指数

除了年际比较模型和极值模型,还可以构建比值模型得到比值指数来进行农作物长势的对比评估。比值模型和年际比较差值模型类似,一般采用和参照年或常年对比(多年平均),见公式(6.3):

$$RI = NDVI_i / NDVI_0 \tag{6.3}$$

式中,$NDVI_i$、$NDVI_0$ 分别为当年和参照年的 $NDVI$ 值。如果参照年采用多年 $NDVI$ 的平均值,则称为均值比值指数(average ratio index,ARI);如果参照年采用多年 $NDVI$ 的中值,则称为中值比值指数(medium ratio index,MRI)。一般地,均值和中值的比值结果比较接近,但当时间序列短且历史年份中含有极端异常年份时,均值往往受到较大影响,而中值的稳定性比较好,因此中值较均值的反映更为客观。

比值模型能够直接反映当年农作物长势偏离参照年或常年的程度。如果值为 1,则表明当年农作物长势和参照年或常年持平;如果大于 1,则表明当年农作物长势好于参照年或常年;如果小于 1,则表明当年农作物长势差于参照年或常年(图 6.4)。

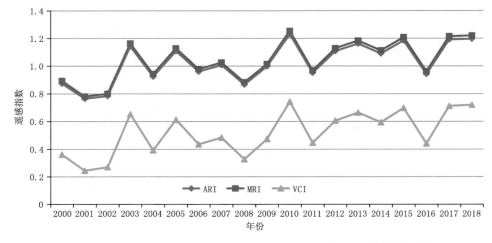

图 6.4　MODIS/NDVI 2000—2018 年 12 月中国冬小麦长势遥感指数

6.2　生长过程动态监测

6.2.1　生长过程监测的一般流程

除了对农作物的生长状况在空间上进行实时监测外,还可以对不同区域尺度上农作物生长季内的长势变化过程进行动态监测,即生长过程监测(钱永兰等,2016b)。农作物生长过程监测的时段和周期一般和长势空间实时监测保持一致。农作物生长过程监测和农业气象条件相结合,可以对农作物的生长发育过程进行定性评价,辅助产量趋势预估。农作物生长过程动态监测的流程见图 6.5。

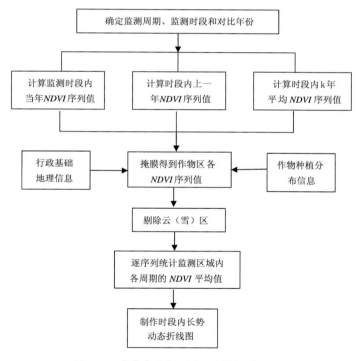

图 6.5　农作物生长过程监测的一般流程

6.2.1.1　确定监测周期、监测时段和参照年份

监测周期其实就是对农作物进行重复观测的时间步长,其确定一般需要参考两个主要因素,一是是否满足农作物监测评价与预报的需要,二是是否有满足需要的遥感数据源,二者要统筹兼顾。除此以外,还需要统筹考虑业务运行的人力、时间、存储

成本等。监测周期越短,则时间尺度的评价更为精细化,例如采用旬周期的监测评价则比采用月周期更为精细。在全球尺度上,常采用的周期一般为月(含)以下尺度,可选用的数据有 MODIS 8 d、16 d、月合成数据产品,FY-3 10 d、月合成数据产品等,空间分辨率可根据需要选用 250 m、500 m、1000 m 等,或者其他类似时空分辨率的遥感数据集。

监测时段的确定主要基于被监测作物的物候期,根据需要可以选择生育期全覆盖或局部时段覆盖。监测时段确定之后,遥感数据源的时间跨度也就确定了。

对于当年农作物生长过程的监测,一般需要选择一个年份来进行对比,来直观判断当年农作物生长过程的特征,或发现当年农作物生长过程中出现的问题,这个对比的年份就是参照年份。一般地,选用上一年和常年的平均状态来进行对比,因为在展望农作物产量形势时,人们习惯于和最近年份或常规年份进行对比。在遥感模型中,常规年份的农作物生长状态一般采用近 5 a 的平均值来代替。当然,参照年份的选择完全基于监测评价和预报的需要,有时也可以选择具有某种典型特征的年份来进行对比,如用极端差年或极端好年来作为参照年份等。

监测周期、监测时段和参照年份确定之后,所需遥感数据源的时空分辨率、时间跨度、时间范围(年份)也就确定了,之后便可以进行遥感数据的处理了。

6.2.1.2　计算 NDVI 序列值

根据所选用的遥感数据源,提取或计算归一化差值植被指数 NDVI 值。一般地,遥感数据集中的 NDVI 为便于存储,已经进行了缩放处理,并按特定的数据类型存储,在提取时按需要选择是否进行数值和格式转换。如果所选用的遥感数据源为分波段陆表反射率数据,则需要进行 NDVI 的计算,公式如下:

$$NDVI = \frac{IR - R}{IR + R} \tag{6.4}$$

式中,IR 是近红外波段对应的通道值,R 是红光波段对应的通道值。

地表类型不同,NDVI 的值也不同,一般为 ±1 之间的小数。负值表示地表为水、雪或有云覆盖时,对可见光高反射,因此 R 值大于 IR 值;0 值表示有岩石或裸土等,近红外和红光反射值近似相等;有植被覆盖时一般为正值。由于 NDVI 为小数值,在实际计算进行数据输出时,NDVI 可以根据需要进行缩放处理,如放大 100 倍,以整型数据存储输出,方便后续数据运算处理、存储和图像显示。

6.2.1.3　剔除 NDVI 非作物区

为了准确量化被监测作物的生长状况,因此在使用遥感数据进行农作物监测时,只选取被监测作物的 NDVI 进行统计运算。一般地,可通过数字图像掩膜(mask)处理得到被监测作物的 NDVI 图像,将非监测区域剔除掉。图像掩膜就是用选定的图像(称为掩模或模板,如作物种植区专题图像)对处理的图像(如原始遥感图像)进行遮挡,来控制图像处理的区域或处理过程,一般的遥感图像处理软件中都可以实现。用于掩膜的作物种植区图像(即模板)可通过遥感信息提取模型解译提取得到;在作物种植比较单一的地区,如果没有作物种植区信息,则可以使用耕地数据作为模板来提取被监测作物的 $NDVI$。

6.2.1.4　按区域单元统计作物 $NDVI$ 均值

单点(如某一像元点)的作物生长过程和评价是没有意义的,因此生长过程监测一般都是基于特定区域进行的,只是区域尺度可大可小,如可以是省级的,也可以国家级的。在掩膜得到被监测作物的 $NDVI$ 后,基于选定区域尺度单元,进行该区域单元上的 $NDVI$ 均值统计,即得到某一监测周期的农作物 $NDVI$ 平均值,该值是该时段内该区域上的作物生长状况的综合反映。

6.2.1.5　绘制监测时段内作物生长过程曲线

将不同监测周期的 $NDVI$ 值按时序排列,即可绘制被监测作物的 $NDVI$ 变化曲线,得到作物的生长过程曲线。一般说来,在采用遥感多日合成数据产品时,云雨天气等条件影响的因素已在一定程度上消减,但受天气影响的时间不同,其结果仍然会受到影响。因此,如图 6.5 所示,在进行作物区掩膜处理,或进行区域 $NDVI$ 平均值统计时,一般会依据所用数据集的质控文件,将受云雪等噪声污染的区域剔除,以避免较大误差的出现。另一种选择是,在进行统计前对 $NDVI$ 时相序列进行滤波去噪重建(Rahman et al. ,2016),一般采用 Savitzky-Golay 滤波(通常简称 S-G 滤波)等。

6.2.2　生长过程监测及评价方法

以下以 2017 年美国玉米为例,简要说明进行作物生长过程监测的方法。

美国玉米一般于 5 月份大范围播种,9 月份收获,6—8 月是它的主要生长季,因此监测时段选为 6—8 月。为得到较为详细的美国玉米生长过程信息,拟采用较短监测周期,结合可获取遥感数据源,选择 MODIS 8 d 合成数据 MOD09Q1,空间分辨率为 250 m。为查看 2017 年美国玉米和上一年及其常年的对比情况,因此选择 2016 年和近 5 a(平均值)作为参照年份。因此,要处理的 MOD09Q1 遥感数据为 2012—2017 年 6—8 月(8 d 为 1 组,6 a 共 6 a×12 组·a^{-1})的数据。MOD09Q1 数据为陆表反射率数据,因此首先需要计算 $NDVI$,然后利用美国玉米专题图进行掩膜处理得到美国玉米区 $NDVI$ 图像,然后基于美国全国(共 18 个玉米生产州)和两个玉米种植最大的州(艾奥瓦州和伊利诺伊州)进行玉米 $NDVI$ 均值统计,得到全国玉米平均生长过程和两个不同的州的玉米生长过程曲线。

图 6.6、图 6.7、图 6.8 三图分别是基于 MODIS/$NDVI$ 的 2017 年美国 18 州、艾奥瓦州和伊利诺伊州玉米生长季内生长过程与 2016 年对比。从图 6.6 图可以看出,2017 年美国玉米在 6 月长势明显低于上一年和常年,7、8 月份长势好转,较常年平均

偏好,接近于 2016 年。图 6.7、图 6.8 显示艾奥瓦州、伊利诺伊州 6 月玉米长势也是类似的情况,其中伊利诺伊州长势偏差情况更为明显。

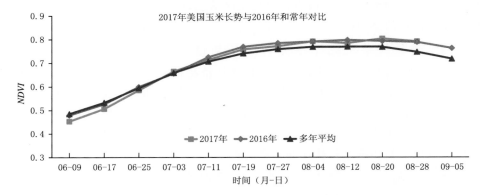

图 6.6 美国 18 州(平均)玉米生长过程监测

图 6.7 美国艾奥瓦州玉米生长过程监测

图 6.8 美国伊利诺伊州玉米生长过程监测

　　图 6.9、图 6.10 分别为 2017 年 5 月（美国玉米播种季）平均气温距平与上一年对比情况，两图显示 2017 年 5 月美国玉米主产区（主产区位置参照图 1.15）气温较常年和上一年同期均偏低，并出现了 25～100 mm 的降水（见图 6.11），且降水主要集中在上半月，低温阴雨导致部分地区土壤过湿，玉米播种进度总体偏慢。美国农业部发布的统计数据显示，截至 2017 年 6 月 4 日，美国玉米播种完成 96％，86％已出苗，总体播种进度均慢于上一年和近 5 a 平均。因此 2017 年美国玉米播种出苗后的生长初期发育期落后，图 6.6、6.7、6.8 显示的 NDVI 较上一年偏低与实际情况是吻合的。

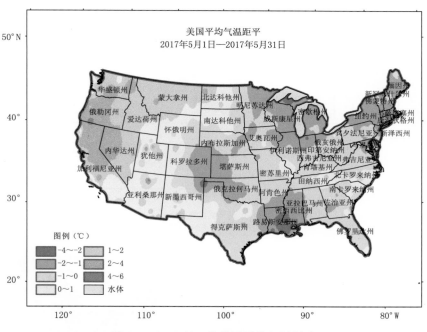

图 6.9　2017 年 5 月美国平均气温距平

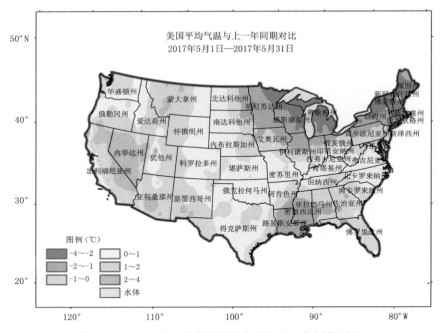

图 6.10　2017 年 5 月美国平均气温与上一年同期对比

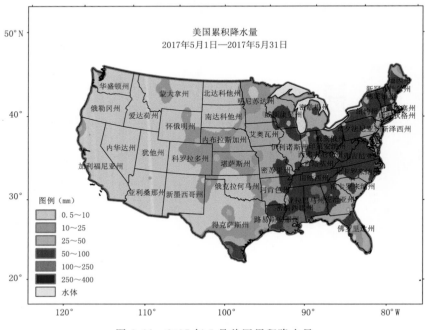

图 6.11　2017 年 5 月美国累积降水量

从玉米整个生长过程来看,2017 年美国玉米长势和 2016 年基本持平,艾奥瓦州长势略差于上一年。因此,2017 年美国玉米和上一年同期相比属于平年,而这一结论与实际情况也是相符的,据美国农业部公布的数据,2017 年实际单产为 176.6 蒲式耳·英亩$^{-1}$,比 2016 年(174.6 蒲式耳·英亩$^{-1}$)增加 1.1%。

第 7 章　全球农作物产量预报技术

农作物产量预测预报是全球农业气象监测的重要内容,一般包括单产预测和总产预测。由于农作物单产和气象条件密切相关,因此本节主要介绍农作物单产预报的主要方法。

根据农作物产量预报的起报点的差异,一般可分为年景预报、逐月动态预报、临近定量预报。年景预报一般采用气象气候预测数据,逐月动态预报和临近定量预报一般采用地面气象观测数据和遥感数据,并分别采用不同的预报模型。本节按预报时效分别介绍常用的全球农作物产量预报方法。

7.1　作物产量年景预报

在特定社会生产和科学技术条件下,天气气候条件是影响农业生产的最明显、最关键因子,极端天气气候条件不仅容易导致粮食减产,甚至有可能导致粮食危机。同时随着全球经济的日益一体化,任一主产区域的粮食波动都将引起世界粮食市场的震荡,粮食安全问题日益突出。随着气象预报技术的不断发展,预报时效的延长,以及国家粮食安全和现代农业发展的需要,现代农业气象业务对作物气候年景评估服务提出了迫切需求,这对粮食进出口贸易、国内粮食收购、农业生产管理与决策等方面具有重要意义。

目前用于构建作物产量气候年景评估的因子,主要有两种:一是长期气候预测因子,即大气环流指数和海平面温度等因子,从长期天气预报的观点看,这类预测因子对天气气候条件的影响,存在一定的滞后效应,进而可作为长期天气预测因子。二是气候模型的中长期预测结果,如海气耦合模式对区域气候预测。用于作物产量年景评估的方法很多,有相似分析法、回归分析法等。其中,相似分析评价法是利用相似分析原理,确定相似年份,结合年景历史等级序列,对预报年的年景等级进行评估;回归分析法,主要利用显著相关因子建立评估模型,基于对相对气象产量的拟合,对作物气候年景等级进行判断。

以下以中国小麦为例,介绍一下作物产量气候年景预报的几种主要方法。

7.1.1　作物产量分离与年景等级划分

作物产量分离的目的是为消除趋势产量的变化对产量波动的影响,是评价气象产量效应的基础,为了使相对气象产量具有可比性,就需要剔除产量波动受时空的影响,其原理已在第三章讲述,在此不再赘述。

相对气象产量,是年际间气象条件的差异所造成作物产量的波动成分,能较好地描述以气象要素为主的各种因子对作物产量的影响,成为作物气候年景好坏划分的主要依据,依据相对气象产量的分布概率来确定作物气候年景等级划分标准,并将作物产量年景划分为丰年、平年、歉年三种年型(表 7.1)。表 7.1 为 1978—2015 年中国小麦产量气候年景等级划分及分布概率,如表所示,丰年和歉年大约各占 15%～20%,正常年景占 60%～70%,基本符合气候变化对作物产量影响的正常分布规律特征。根据作物产量气候年景划分标准,生成 1978—2015 年中国小麦产量气候年景等级序列(略)。

表 7.1　1978—2015 年中国小麦产量气候年景等级划分及分布概率

年景等级	相对气象产量(%)	次数	概率(%)
1	<-3.0	6	15.8
2	$-3.0\sim3.0$	24	63.2
3	$\geqslant3.0$	8	21.1

注:产量气候年景等级,1 为偏歉、2 为正常、3 为偏丰年景等级

7.1.2　气候相似分析法

7.1.2.1　以区域气象要素为因子的气候相似分析法

利用代表站点逐日气象数据,计算中国小麦主产区全生育期逐月区域平均气温、累积降水量,构建主产区气温和降水气象要素历史数据序列,作为相似分析的历史数据对比年。以预报年的小麦生育期逐月区域气象要素(气温、降水)预测数据,分别计算与各历史对比年的欧式距离和相关系数,得到逐年综合诊断指标,以此选择五个最为相似年型,结合相似历史年中气候年景等级类型,最终对预报年作物产量丰歉的气候年景等级进行评估。

以 2011 年预报年为例,基于小麦主要生育期逐月(预测)气温条件,根据综合诊断指标大小,选出与 2011 年麦区热量条件最为相似的 5 个年份包括 1981 年、2000年、1993 年、1997 年、1982 年。同样基于主要生育期逐月(预测)降水条件,根据综合诊断指标大小,选出与 2011 年麦区水分条件最为相似的 5 个年份(表 7.2)。通过计算相似年份的相对气象产量平均值,作为 2011 年小麦相对气象产量(-1.13),从而

来判断该年小麦产量气候年景为正常略偏歉年景。通过以上相似分析法,结合小麦主产区气象预测资料,对 2011—2015 年的全国小麦产量气候年景等级评估进行预测检验。结果表明,基于区域气象要素的相似分析法所构建评估模型,对于小麦产量气候年景等级预测效果较好,5 a 中仅有 1 a 预测年景等级偏高(表 7.3);但对于小麦年景趋势预测,5 a 中仅有 3 a 符合实际增减趋势;对小麦气象产量预估偏差,5 a 中 3 a 偏大,2 a 偏小,相对气象产量平均数值偏差较大,达到 1.75%。特别是对近两年的预测(2014 年和 2015 年),年景模型的评估效果较差,所预测的相对气象产量数值偏差较大,达到 2.52%。

表 7.2　基于区域气象因子的 2011 年全国小麦气候年景相似年份

2011 年	气温					降水				
相似年份	1981	2000	1993	1997	1982	1982	1978	2010	1992	2005
综合诊断指标	0.059	0.042	0.039	0.037	0.035	0.041	0.031	0.028	0.028	0.027
相对气象产量(%)	−10.5	−2.9	2.7	9.6	−2.4	−2.4	−2.8	−2.0	−0.1	−0.5
年景等级	1	2	2	3	2	2	2	2	2	2

表 7.3　基于区域气象相似分析法的中国小麦气候年景预测检验

年份	实际		拟合		误差		
	相对气象产量(%)	年景等级	相对气象产量(%)	年景等级	趋势正确率(%)	相对气象产量偏差(%)	等级偏差
2011	−2.0	2	−1.13	2	100	0.87	0
2012	−0.7	2	−2.57	2	100	−1.87	0
2013	−0.9	2	0.10	2	0	1.00	0
2014	1.0	2	−1.81	2	0	−2.81	0
2015	2.1	2	4.32	3	100	2.22	1

注:预报相对气象产量与实际符号一致,即判定丰歉趋势为正确

7.1.2.2　以海温为因子的气候相似分析法

通过对中国小麦相对气象产量与其上一年逐月 286 个格点海温(SST)资料的相关分析,筛选出各月份相关性达到显著水平的格点,并根据场相关分析原理,避免单相关的偶然性,以存在连续 4 个以上相关显著格点的海区作为 1 个海温因子(图 7.1)。

通过线性相关分析,从逐月海区中筛选出对中国小麦产量影响稳定、相关性达到显著水平的 9 个海温因子(表 7.4),各海区大小、影响时段不同,海区包含范围从 7 格点到 12 格点不等,影响时段为上年 2 月、3 月、5 月等不同月份。大部分海温因子与中国小麦气象产量的相关系数均通过显著性水平检验,因此这些海温因子与中国

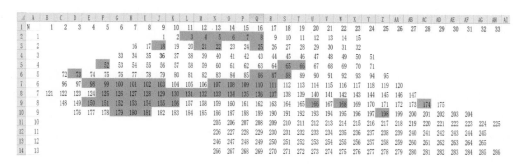

图 7.1　达到显著性的相邻格点海区作为一个海温因子
（绿色格点表示与产量相关性达到显著水平）

小麦气象产量变化的关系密切（图 7.2）。基于 9 个海温因子，通过预报年前期海温
与各历史对比年的欧式距离和相关系数，根据逐年综合诊断指标，从历史对比年份
中，选择前 10 个最为相似年型；计算相似年份相对气象产量均值，最终对预报年作物
产量丰歉的气候年景等级进行评估。

表 7.4　与小麦气象产量变化具有显著性的海温因子

海温因子	月份	格点数量	相关系数	对应海区的格点编号										
X_1	02 月	7	−0.479	38	58	59	60	83	61	84				
X_2	03 月	9	−0.282	3	4	20	5	38	58	81	82	83		
X_3	03 月	10	−0.610	34	53	55	52	77	36	56	78	79	103	
X_4	05 月	7	0.133	95	120	147	172	198	199	197				
X_5	06 月	7	0.514	113	114	138	140	115	164	165				
X_6	07 月	5	0.402	114	115	141	116	117						
X_7	10 月	11	0.536	5	6	22	23	7	24	42	8	25	26	45
X_8	11 月	12	0.528	3	4	5	6	23	7	24	8	25	9	26	27
X_9	12 月	7	0.4579	6	24	8	25	9	26	10				

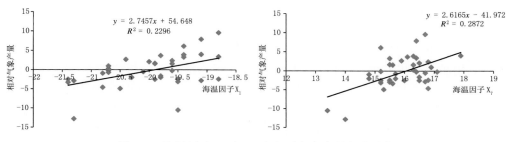

图 7.2　海温因子 X_1 和 X_7 与相对气象产量变化趋势

以 2011 年中国小麦气候年景评估为例,分别计算预报年前期海温因子,与各历史对比年海温的欧式距离和相关系数,根据逐年综合诊断指标大小,选出与预报年前期海温条件最为相似的 9 个年份包括 2008、2002、1981、2007、1991 年等(表 7.5),预计 2011 年的小麦相对气象产量为一1.9,为产量正常略偏差的气候年景类型。通过以上相似分析法,对 2011—2015 年的全国小麦产量气候年景等级评估进行预测检验(表 7.6),结果表明,基于 SST 相似分析法所构建的评估模型,对于小麦年景趋势预测效果较好,5 a 中有 3 a 符合实际增减趋势,正确率达到 60%;对于小麦产量气候年景等级预测效果也较好,5 a 中仅有 1 a 预测年景等级偏低;但对小麦气象产量预估大多年份均偏低,相对气象产量平均数值偏差较大,达到 1.54%。

表 7.5　基于海温因子的 2011 年全国小麦气候年景相似年份

2011 年	综合海温因子								
相似年份	2008	2002	1981	2007	1991	1978	2009	2010	1999
综合诊断指标	0.098	0.098	0.097	0.096	0.096	0.088	0.086	0.086	0.082
相对气象产量（%）	2.4	−4.9	−10.5	1.6	−4.6	−2.8	−0.2	−2	3.4
年景等级	2	1	1	2	1	2	2	2	3

表 7.6　基于 SST 相似分析法的 2011—2015 年全国小麦气候年景预测检验

年份	实际		基于 SST 的拟合		误差		
	相对气象产量（%）	等级	相对气象产量（%）	等级	趋势正确率（%）	相对气象产量偏差（%）	等级偏差
2011	−2.0	2	−1.9	2	100	0.1	0
2012	−0.7	2	2.2	3	0	2.9	1
2013	−0.9	2	−2.5	2	100	−1.6	0
2014	1.0	2	−0.7	2	0	−1.7	0
2015	2.1	2	0.7	2	100	−1.4	0

7.1.3　关键因子回归分析法

7.1.3.1　基于大气环流指数的回归分析法

利用相关分析方法,对历年逐月 88 项大气环流指数进行相关普查,筛选出与中国小麦气象产量变化相关的,且有多个月份达到显著水平的大气环流因子。并以筛选出的显著相关大气环流因子作为自变量,通过逐步多元回归分析方法,确定影响气象产量变化的关键大气环流因子,以其相关系数比为权重,建立综合环流因子,以此作为小麦丰歉气候年景评估指标,结合小麦气候年景等级历史序列,确定基于综合环流因子的年景等级划分标准。因此可依据预报年的前期大气环流指数,对预报年小麦产量丰歉气候年景等级进行预测。

以预报年 2011 年为例,通过相关性普查,筛选出符合条件的 4 项大气环流因子(表 7.7),从达到显著性月份数量来看,4 个环流因子均有 2 个月份达到显著相关水平;从分布月份来看,包括了 6 个月份。针对达到显著水平的 4 项大气环流因子,利用逐步多元回归分析方法,建立最优化拟合方程。对于 8 个月份、4 项环流因子,仅 8 月和 10 月北极涛动(Arctic oscillation,简称 AO)指数通过逐步多元回归模型的筛选,而且该模型也通过了 0.05 显著性水平检验,表明北极涛动指数(8 月和 10 月)的影响要明显高于其他环流因子,是大气环流指数中的主要影响因子。所以基于 8 月和 10 月北极涛动指数,以其相关系数比为权重,计算综合环流因子,明显提高了单一环流因子与气象产量的相关性(图 7.3)。以综合环流因子,作为产量气候年景评估指标,结合小麦气象产量序列,重新构建回归拟合方程(表 7.8—7.10),从而确定评估指标的年景等级划分标准(表 7.11)。基于综合环流因子所建立的回归方程,通过了 0.01 显著性水平检验,但模型的决定系数(复相关系数平方)为 0.278,偏低。

表 7.7　达到显著水平的大气环流因子

指数	达到显著水平月份		指数名称
X_1	1	3	东太平洋副高强度指数(Eastern Pacific subtropical high intensity index)
X_2	3	11	北非—北大西洋—北美副高北界位置指数(North African-North Atlantic-North American subtropical high Northern boundary position index)
X_3	6	8	西太平洋副高北界位置指数(Western Pacific subtropical high northern boundary position index)
X_4	8	10	北极涛动指数(Arctic oscillation,AO)

注:以通过 0.05 显著性水平进行相关性普查

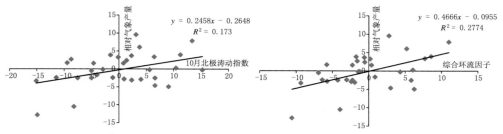

图 7.3　单一环流指数(左)和综合环流因子(右)与相对气象产量变化趋势

表 7.8　模型相关分析结果

模型	R	R^2	调整 R^2	标准估计的误差
1	0.523	0.278	0.252	3.959

表 7.9　模型方差分析结果

模型		平方和	df	均方	F	$Sig.$
1	回归	184.638	1	184.638	11.777	0.002
	残差	486.029	31	15.678		
	总计	670.667	32			

表 7.10　模型回归系数

模型		系数		t	$Sig.$
		B	标准误差		
1	（常量）	−0.044	0.693	−0.064	0.949
	综合环流因子	0.450	0.131	3.432	0.002

表 7.11　基于综合环流因子的中国小麦气候年景等级划分

年景等级	综合环流因子	年景类型
1	<−6.0	偏歉
2	−6.0~6.0	正常
3	≥6.0	偏丰

利用综合环流因子的回归模型,对 1978—2010 年的中国小麦产量气候年景等级进行评估回代检验（表 7.12）。结果表明,在 33 a 回代检验中,对小麦增减的趋势判断,有 24 a 判断符合实际情况,正确率达到 73%;对年景等级拟合,拟合等级与实际等级相同的有 25 a,正确率达到 75%,有 6 个年份年景等级偏低 1 个等级,2 个年份年景等级偏高 1 个等级;对相对气象产量偏差较大,平均有 2.6%。

对 2011—2015 小麦产量的气候年景预测检验表明（表 7.13）,在 5 a 预测检验中,有 3 a 小麦产量增减趋势与实情况相同,正确率达到 60%;对年景等级预测,有 4 a 年景预测等级与实际等级相同,正确率达到 80%;相对气象产量数值偏差较大,平均达到 2.0%。

表 7.12　基于综合环流因子的 1978—2010 年小麦产量气候年景评估回代检验

年份	实际		基于综合环流因子的拟合		误差		
	相对气象产量（%）	等级	相对气象产量（%）	等级	趋势正确率（%）	相对气象产量偏差（%）	等级偏差
1978	−2.8	2	−2.63	2	100	0.17	0
1979	3.7	3	−0.32	2	0	−4.02	−1
1980	−12.8	1	−8.80	1	100	4.00	0
1981	−10.5	1	−4.80	1	100	5.70	0

续表

年份	实际		基于综合环流因子的拟合		误差		
	相对气象产量(%)	等级	相对气象产量(%)	等级	趋势正确率(%)	相对气象产量偏差(%)	等级偏差
1982	−2.4	2	−1.41	2	100	0.99	0
1983	6.1	3	3.30	3	100	−2.80	0
1984	7.9	3	4.91	3	100	−2.99	0
1985	3.3	3	0.05	2	100	−3.25	−1
1986	4	3	3.81	3	100	−0.19	0
1987	−0.2	2	−0.70	2	100	−0.50	0
1988	−3.1	1	−0.92	2	100	2.18	1
1989	−2.5	2	−1.05	2	100	1.45	0
1990	0.3	2	2.68	2	100	2.38	0
1991	−4.6	1	1.30	2	0	5.90	1
1992	−0.1	2	−0.62	2	100	−0.52	0
1993	2.7	2	−0.75	2	0	−3.45	0
1994	−2.5	2	−1.95	2	100	0.55	0
1995	−1.6	2	0.36	2	0	1.96	0
1996	1.6	2	0.13	2	100	−1.47	0
1997	9.6	3	1.21	2	100	−8.39	−1
1998	−2.4	2	−2.91	2	100	−0.51	0
1999	3.4	3	3.43	3	100	0.03	0
2000	−2.9	2	−1.14	2	100	1.76	0
2001	−2.5	2	2.58	2	0	5.08	0
2002	−4.9	1	2.76	2	0	7.66	1
2003	−3.3	1	−4.23	1	100	−0.93	0
2004	1.7	2	−2.63	2	0	−4.33	0
2005	−0.5	2	−3.16	1	100	−2.66	−1
2006	3.9	3	3.00	2	0	−0.90	−1
2007	1.6	2	−1.05	2	0	−2.65	0
2008	2.4	2	1.30	2	100	−1.10	0
2009	−0.2	2	1.89	2	0	2.09	0
2010	−2	2	−3.79	1	100	−1.79	−1

表 7.13　基于综合环流因子的 2011—2015 年小麦产量气候年景评估预测检验

年份	实际		基于综合环流因子的拟合		误差		
	相对气象产量（%）	等级	相对气象产量（%）	等级	趋势正确率（%）	相对气象产量偏差（%）	等级偏差
2011	−2	2	−1.29	2	100	0.71	0
2012	−0.7	2	−0.74	2	100	−0.04	0
2013	−0.9	2	−2.99	2	100	−2.09	0
2014	1.0	2	−0.55	2	0	−1.55	0
2015	2.1	2	−3.61	1	0	−5.71	−1

7.1.3.2　基于海温的回归分析法

通过相关分析方法，对历年逐月海区格点海温进行相关普查，然后以筛选出的显著相关海温因子作为自变量，通过逐步多元回归分析方法，确定影响气象产量变化的关键海温因子，以此构建综合海温因子来作为小麦气候年景评估指标，结合年景等级历史序列，确定基于综合海温因子的年景等级划分标准。因而可通过预报年的前期海温因子，对预报年小麦产量丰歉的气候年景等级进行评估。

以预报年 2011 年为例，前面已通过海温相关普查，从 1978—2010 年逐月海区中筛选出对小麦产量影响稳定、相关性达到显著水平的 9 个海温因子（表 7.4）。针对 9 个海温因子，通过逐步多元回归分析方法，建立拟合方程也通过了 0.05 显著性水平检验，确定了影响作用较大的关键因子为 X_5（6 月）和 X_9（12 月）的两个海温因子。然后基于这两个海温因子，以其相关系数比为权重，得到综合海温因子，明显提高了单一海温因子与气象产量的相关性（图 7.4）。

以综合海温因子变化，作为产量气候年景评估指标，通过所构建的回归拟合方程（表 7.14—7.16），结合与小麦气象产量序列，确定评估指标的年景等级划分标准（表 7.17）。基于综合海温因子所建立的拟合方程，通过了 0.001 极显著性水平检验。

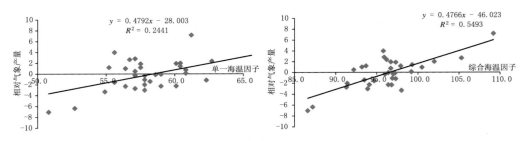

图 7.4　单一海温因子（左）和综合海温因子（右）与相对气象产量变化趋势

表 7.14　模型相关分析结果

模型	R	R^2	调整 R^2	标准估计的误差
1	0.728	0.530	0.515	3.18977

表 7.15　模型方差分析结果

模型		平方和	df	均方	F	$Sig.$
	回归	355.254	1	355.254	34.916	0.0001
1	残差	315.414	31	10.175		
	总计	670.667	32			

表 7.16　模型回归系数

模型		系数		t	$Sig.$
		B	标准误差		
1	（常量）	28.499	4.904	5.812	0.0001
	综合环流因子	5.265	0.891	5.909	0.0001

表 7.17　基于综合海温因子的小麦气候年景等级划分

年景等级	综合海温因子	年景类型
1	<-6.0	偏歉年景
2	$-6.0\sim-5.0$	正常年景
3	$\geqslant-5.0$	偏丰年景

　　利用综合海温因子的拟合模型,对 1978—2010 年的小麦产量气候年景等级评估结果进行回代检验(表 7.18)。结果表明,在 33 a 回代检验中,对小麦增减的趋势判断,有 25 a 判断符合实际情况,正确率达到 75%;对年景等级拟合,拟合等级与实际等级相同的有 25 a,正确率达到 75%,有 5 个年份年景等级偏低 1 个等级,3 个年份年景等级偏高 1 个等级;对相对气象产量偏差较大,平均有 2.5%。

　　对 2011—2015 中国小麦产量的气候年景预测检验表明,在 5 a 预测检验中,对小麦产量增减趋势预测全部与实际情况相同;对年景等级预测,有 4 a 预测年景等级与实际等级相同,正确率达到 80%;拟合相对气象产量数值偏差平均达到 1.9%(表 7.19)。

表 7.18　基于综合海温因子的 1978—2010 年小麦产量气候年景评估回代检验

年份	实际		基于综合环流因子的拟合		误差		
	相对气象产量（%）	等级	相对气象产量（%）	等级	趋势正确率（%）	相对气象产量偏差（%）	等级偏差
1978	−2.8	2	0.43	2	0	3.23	0
1979	3.7	3	0.22	2	100	−3.48	−1
1980	−12.8	1	−8.77	1	100	4.03	0
1981	−10.5	1	−7.75	1	100	2.75	0
1982	−2.4	2	1.46	2	0	3.86	0
1983	6.1	3	0.22	2	100	−5.88	−1
1984	7.9	3	3.59	3	100	−4.31	0
1985	3.3	3	3.03	3	100	−0.27	0
1986	4.0	3	6.19	3	100	2.19	0
1987	−0.2	2	2.48	2	0	2.68	0
1988	−3.1	1	−0.50	2	100	2.60	1
1989	−2.5	2	−2.73	2	100	−0.23	0
1990	0.3	2	0.27	2	100	−0.03	0
1991	−4.6	1	−1.00	2	100	3.60	1
1992	−0.1	2	−1.89	2	100	−1.79	0
1993	2.7	2	0.12	2	100	−2.58	0
1994	−2.5	2	0.37	2	0	2.87	0
1995	−1.6	2	2.72	3	0	4.32	1
1996	1.6	2	−0.07	2	0	−1.67	0
1997	9.6	3	5.17	3	100	−4.43	0
1998	−2.4	2	−1.15	2	100	1.25	0
1999	3.4	3	−0.60	2	0	−4.00	−1
2000	−2.9	2	−5.89	1	100	−3.00	−1
2001	−2.5	2	−0.07	2	100	2.43	0
2002	−4.9	1	−3.88	1	100	1.02	0
2003	−3.3	1	−4.81	1	100	−1.51	0
2004	1.7	2	0.52	2	100	−1.18	0
2005	−0.5	2	1.82	2	0	2.32	0
2006	3.9	3	0.01	2	100	−3.89	−1
2007	1.6	2	0.84	2	100	−0.76	0
2008	2.4	2	0.67	2	100	−1.73	0
2009	−0.2	2	−0.60	2	100	−0.40	0
2010	−2.0	2	−1.49	2	100	0.51	0

表 7.19　基于综合海温因子的 2011—2015 年小麦产量气候年景评估预测检验

年份	实际		基于综合海温因子的拟合		误差		
	相对气象产量（%）	等级	相对气象产量（%）	等级	趋势正确率（%）	相对气象产量偏差（%）	等级偏差
2011	−2.0	2	−6.07	3	100	−4.07	1
2012	−0.7	2	−2.33	2	100	−1.63	0
2013	−0.9	2	−2.98	2	100	−2.08	0
2014	1.0	2	0.08	2	100	−0.92	0
2015	2.1	2	0.77	2	100	−1.33	0

7.1.4　气候年景评估模型综合集成

针对以上气候相似分析法和关键因子回归分析法两种方法的四种不同评估模型，通过对不同模型所预测增减趋势和年景等级的正确率以及气象产量数值偏差大小的综合分析，利用海温因子的气候相似分析法和关键因子回归分析法所构建的评估模型相对较好，可用于综合评估模型的集成。基于两种模型对相对气象产量的拟合效果，结合不同权重预报结果，确定两种预报方法的权重系数分别为 0.5，形成基于气象产量的综合集成评估模型，完成 2011—2015 年的小麦丰歉气候年景评估模型预测检验（表 7.20）。

对于所构建的集成评估模型，在 2011—2015 年预测检验中，有 4 a 增减趋势和年景等级预测结果与实际情况相符，正确率达到 80%，特别降低了相对气象产量数值偏差，平均偏差为 1.43，综合拟合效果好于其他模型。

表 7.20　基于 SST 资料的两种方法集成预测检验

年份	实际		综合集成		误差		
	相对气象产量（%）	等级	相对气象产量（%）	等级	趋势正确率（%）	相对气象产量偏差（%）	等级偏差
2011	−2.0	2	−3.99	1	100	−1.99	−1
2012	−0.7	2	−0.06	2	100	0.64	0
2013	−0.9	2	−2.74	2	100	−1.84	0
2014	1.0	2	−0.31	2	0	−1.31	0
2015	2.1	2	0.74	2	100	−1.37	0

7.2 作物产量定量预报

作物产量年景预报通过一定的模型方法给出预报年某一作物的丰歉趋势（以相对气象产量量化），作物产量定量预报则是通过一定的模型方法给出预报年某一作物的具体产量。作物定量预报可用于作物播种后生育期内任意时间点的动态预报，也可用于作物即将收获的临近产量预报。由于作物定量预报是基于已发生气象条件的作物产量定量预估，因此一般基于实测观测数据，包括实测气象数据和实测作物数据，前者基于气象条件对作物产量进行预估，后者基于作物生长状况对作物产量进行预估。实测气象数据一般使用地面气象台站观测的气象要素数据，有时也采用遥感监测数据替代；实测作物数据一般采用含植被敏感光谱通道的遥感监测数据。

基于气象条件的作物产量预测模型一般称为气象预测模型，它是一种间接预测模型，它利用了气象条件和作物产量的高度相关性，即气象条件好，则一般作物产量高，气象条件差，则一般作物产量低，因此便于直观理解，具有很好的解释性；但由气象条件到作物产量还有一个相互作用的过程，农作物生长除了受气象条件影响外，还受其他条件的促进或制约，如施肥、灌溉、病虫害等，从而导致气象预报模型出现偏差，精度降低。

基于遥感数据的作物产量预测模型一般称为遥感估产模型，它是一种直接预测模型，理论上，遥感数据是农业气象条件和农业生产条件综合作用后作物实际生长状况的真实反映，研究表明它在表征区域植被状况和分布方面比由气象观测数据得到的气象变量效果更好（Kogan，1995），而且它在大尺度监测预报方面更具优势。但遥感本身也存在局限性，一是来自遥感数据和遥感技术本身，如光学遥感受天气条件制约导致的图像噪声污染、数据定位定标误差、数据预处理方法的不同、数据的解译应用水平差异等等，都会给遥感估产引入一定的不确定性；二是来自遥感估产机理，遥感估产是基于反映农作物生长状况好坏或生物量大小的遥感指标和作物产量的高度相关性，因此，任何非长势优劣因素（如农作物品种）引起的遥感指标波动都将引入误差。但是随着遥感技术的不断发展，针对遥感应用中的不确定性问题将逐步得到解决（徐冠华等，2016），遥感估产的优势将更明显。

7.2.1 产量气象预测方法

气象模型主要是基于作物产量和气象条件之间的相互关系，构建数学模型预报作物最终产量。气象模型也是发展最早的产量预测模型，在国外作物产量预报业务中也应用的最早（王建林等，2007），在这里不再做实例详细介绍，只简要介绍其主要的模型方法。产量气象预测模型一般采用数理统计方法，数理统计方法具有技术相对成熟、数学模型简单、预报准确率高等特点，主要有关键因子法和丰歉指数法，其他方法也有应用(陈斐等,2014;魏瑞江等,2009)。

作物产量与气象条件关系密切,但生育期内各个气象因子对其生长发育和产量形成所起的作用不尽相同。关键因子法是利用作物单产和生育期内多年气象资料,一般以旬为步长,分析作物生育期内逐旬温度、降水量、日照时数等气象要素与气象产量的相关性,筛选影响气象产量的关键因子建立产量预报的多元回归模型。然后利用动态更新的关键因子和回归模型,开展作物产量动态预报。

作物生长发育和产量形成是作物本身的生理特性和各种环境因子长期、综合作用下生物量不断累积的过程。相邻两年品种、肥力和气象条件的变化导致了作物产量的变化,对较大区域而言,作物品种、土壤肥力相邻两年的变化比较小,相邻两年作物产量的变化主要是由气象条件的变化引起的;在不考虑作物品种变化的条件下,同一地区的不同年份,如果相邻两年的气象条件变化相似,则产量的变化也应相近。丰歉指数法是结合作物生长发育和产量形成的气象指标,利用历史年与预测年作物生长过程中的温度、降水量、日照时数等气象要素资料,计算作物播种后的累积有效温度(即有效积温)、累积降水量、标准化降水量(见公式(7.1))、累计日照时数、标准化日照时数等,通过相关系数和欧氏距离建立综合诊断指标(公式(7.2)、(7.3)、(7.4)),对生育阶段的气象因子进行综合聚类分析,研究预测年气象要素与历史年作物产量丰歉气象影响指数,建立作物产量动态预报模型。

标准化降水量:
$$p = \frac{p_i}{Sp_i}$$

$$Sp_i = \sqrt{\frac{\sum_{i=1}^{m}(p_i - \overline{P})^2}{m-1}} \tag{7.1}$$

式中,p 是标准化降水量,p_i 是累积降水量,Sp_i 是 p_i 的标准差,m 为样本长度,$\overline{P}$ 是累积降水量平均值。标准化降水量不仅考虑了降水量的多少,同时考虑了降水量的时间分布,因此比累积降水量更能反映降水对作物生长发育的影响。标准化日照时数的计算方法与标准化降水相同。

相关系数:
$$r_{ik} = \frac{\sum_{j=1}^{N}(X_{ij} - \overline{X_i})(X_{kj} - \overline{X_k})}{\sqrt{\sum_{j=1}^{N}(X_{ij} - \overline{X_i})^2 \sum_{j=1}^{N}(X_{kj} - \overline{X_k})^2}} \tag{7.2}$$

相似距离:
$$d_{ik} = \sqrt{\sum_{j=1}^{N}(X_{ij} - X_{kj})^2} \tag{7.3}$$

综合诊断指标:
$$C_{ik} = \frac{r_{ik}}{d_{ik}} \times 100\% \tag{7.4}$$

式(7.2)、(7.3)、(7.4)中,k 为预报年,i 为历史上任意一年,j 为气象要素的序号,X_{kj} 为预报年作物播种后至预报时间的第 j 个气象要素,X_{ij} 为历史上任意一年同一时段同类气象要素，$\overline{X_k}$指预报年（k 年）作物播种至预报时的某类气象要素的平均值，$\overline{X_i}$指历史上任意一年（i 年）同一时段同类气象要素的平均值，N 是样本长度。C_{ik} 为预报年（k 年）与历史上任意一年（i 年）的综合诊断指标，C_{ik} 越大，则预报年与历史某一年的气象条件相似程度越高、对作物产量影响程度越一致。

在目前全球农作物产量预报业务中，一般基于气温和降水两个基本气象要素，对一个国家或地区的农作物单产进行预报，模型预报准确率随地区和作物的差异略有不同，平均预报准确率一般都在 90% 以上（王建林等，2007）。而气象站点数据的不足和时间序列缺失会直接影响模型精度，导致精度下降，随着全球气象台站数据的增多，气象预报模型的精度也得到一定程度的提高。

7.2.2　产量遥感估测方法

遥感估产方法起源于 20 世纪 70 年代，当时航天遥感快速发展，美国第三代极轨气象卫星（NOAA）投入业务应用，自 NOAA-6 开始其携带的高级甚高分辨率辐射仪（AVHRR）具有了适合研究植被的光谱通道，加之极轨气象卫星重复探测周期短、覆盖面积大且实现了双星运行，为作物监测和估产提供了良好的数据源保障。经过 40 多年的发展，（航天）遥感估产目前已成为国内外大尺度农作物估产的最重要手段。

遥感估产模型是通过建立遥感测得的作物光谱信息与产量间的关系来估算作物产量（陈沈斌，1998；吴炳方，2000；杨邦杰等，2005），由于对作物长势（产量）敏感的波段之间通常具有较强的相关性，因此，一般采用遥感植被指数来进行估产（Kogan，2001），其中最常用的是归一化差值植被指数 NDVI，遥感估产的线性模型见公式（7.5）。

$$Y = a + b \cdot NDVI \tag{7.5}$$

式中，Y 为农作物预测产量，$NDVI$ 为作物归一化差值植被指数，a、b 为回归系数，由历史 $NDVI$ 和历史产量序列通过最小二乘法确定。

下面以 MODIS/NDVI 进行美国玉米估产为例来介绍下遥感估产的基本方法和流程。

7.2.2.1　数据

数据主要包括遥感数据、产量数据和作物种植区数据，以及物候、基础地理信息等基础数据。本例遥感数据采用 2005—2017 年的 250 m 8 d 合成陆表反射率产品（MOD09Q1），实际应用中可根据需要选定适合的遥感数据产品，如逐日遥感数据，旬合成数据，月合成数据等以及其他卫星遥感产品。本例产量数据采用美国农业部（USDA）官方公布的 2005—2017 年玉米产量数据（单位：蒲式耳·英亩$^{-1}$）。作物种植区数据统一采用基于多时相遥感序列数据提取的作物种植区数据。

7.2.2.2　方法

遥感估产的一般流程见图 7.5。

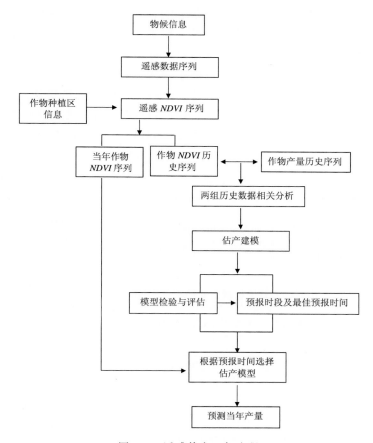

图 7.5　遥感估产一般流程

如图 7.5 所示,首先根据物候信息确定作物的生育期,以此确定遥感估产所用遥感数据序列的长度,如美国玉米和大豆一般于 5 月份大范围播种,9 月份收获,因此,可以使用 6—8 月的遥感数据进行估产,当然为了得到详细的作物全生育期生长过程信息,可以使用 5—9 月长度的遥感数据。

对于统计模型来说,一般历史数据的序列越长越好,这样能够得到尽可能多的样本,来确保模型的可靠性。MODIS 数据从 2000 年开始提供业务数据。但考虑社会科技因素对作物的影响以及遥感传感器的衰减对数据的影响等等,遥感数据的序列长度也不宜过长。文中采用的是 2005—2017 年的 MODIS 数据。

根据所使用的遥感数据产品类型,对遥感数据进行必要的数据预处理,得到遥感植被指数序列(如图 7.6),每一年的相同时段(如 T1)组成一个估产 NDVI 序列,每个序列中共 13 a 数据(2005—2017 年);而在每一年的发育期中有 n 个时段,本例中6—8 月共有 12 个时段(即 $n=12$,所用 MODIS 产品为 8 d 合成产品,三个月共有 12

个 8 d)。为避免部分地区图像噪声污染的影响,同一年度的 NDVI 序列可以进行滤波降噪处理进行重建。由于多日合成产品一般采用最大值合成法,已经考虑了云等的影响,因此本例中未进行滤波处理,以尽量保持图像数据的原始值。

由于作物产量和该作物遥感植被指数呈现明显相关,其他作物的干扰会影响它们的实际相关性,因此 NDVI 序列需通过该作物种植信息的掩膜处理,剔除不是该作物的区域,从而得到该作物的遥感植被指数 NDVI 序列。然后统计该作物种植区的 NDVI 平均值,得到任意时段上的 NDVI 序列值(表 7.21),表中时段均用该时段的起始时间标记。

图 7.6　遥感植被指数(MODIS/NDVI)序列示意

表 7.21　美国玉米估产 MODIS/NDVI 序列值

年份	日期(月-日)											
	06-01	06-09	06-17	06-25	07-03	07-11	07-19	07-27	08-04	08-12	08-20	08-28
2005	0.5076	0.5651	0.6156	0.6938	0.7205	0.739	0.7584	0.7657	0.7517	0.7572	0.7495	0.7086
2006	0.484	0.5392	0.6087	0.6702	0.711	0.7463	0.7518	0.7529	0.7524	0.7579	0.7088	0.6774
2007	0.5385	0.5659	0.6379	0.6914	0.7297	0.7354	0.7584	0.7621	0.7576	0.7506	0.7314	0.6952
2008	0.4618	0.503	0.5174	0.6042	0.6672	0.7112	0.7506	0.7698	0.771	0.7726	0.7577	0.7418
2009	0.4668	0.4936	0.605	0.647	0.7043	0.7389	0.7486	0.7742	0.786	0.784	0.76	0.754
2010	0.5259	0.6059	0.6483	0.6785	0.7338	0.7623	0.7837	0.7825	0.7813	0.7693	0.7291	0.6861
2011	0.454	0.4978	0.5335	0.6276	0.6929	0.7433	0.7563	0.774	0.7731	0.7721	0.749	0.7289
2012	0.4976	0.5426	0.6235	0.6608	0.6842	0.7061	0.7079	0.7105	0.7089	0.7021	0.6679	0.6339
2013	0.4349	0.4881	0.5327	0.6176	0.6631	0.7337	0.7524	0.7626	0.7714	0.7763	0.7655	0.7327
2014	0.4699	0.5224	0.5816	0.6679	0.7088	0.737	0.7599	0.7727	0.7771	0.7815	0.7719	0.7572
2015	0.5089	0.5486	0.6343	0.6904	0.7385	0.7677	0.7916	0.7987	0.7968	0.7949	0.7761	0.7268
2016	0.4797	0.5269	0.5993	0.6568	0.7252	0.769	0.7843	0.7906	0.7969	0.7925	0.7881	0.7622
2017	0.4537	0.5067	0.5853	0.6647	0.7142	0.7581	0.7713	0.7912	0.7843	0.8027	0.7908	

为了确定遥感估产的最佳时间和动态产量预报的需要,首先需要对作物产量和作物遥感 NDVI 做相关性分析。本例使用 2005—2016 年数据进行建模,对 2017 年产量进行预测,因此 2017 年未参与相关分析。表 7.22 为美国玉米生育期内各时间段(8 d 为一个步长)NDVI 和玉米产量的相关系数,可以发现 8 月份前三个时段的

NDVI 和玉米产量的相关性最高,将这三个时段的 NDVI 均值与玉米产量进行相关分析,发现相关系数可以提高至 0.94(R^2 为 0.8782,图 7.7),因此 8 月份是美国玉米遥感估产的最佳月份,其中 8 月中旬最佳,因此可使用 8 月 4 日、8 月 12 日、8 月 20 日这三个时段的 NDVI 均值估算美国玉米最终产量。

表 7.22 美国玉米产量和 MODIS/NDVI 的相关系数

日期(月-日)	06-01	06-09	06-17	06-25	07-03	07-11	07-19	07-27	08-04	08-12	08-20	08-28
相关系数	−0.20	−0.21	−0.08	0.02	0.33	0.64	0.75	0.85	0.91	0.93	0.91	0.86

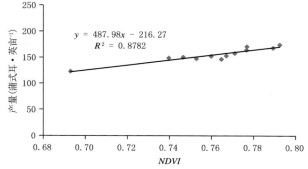

图 7.7 8 月 4 日—8 月 28 日 NDVI 均值与美国玉米产量的相关性

表 7.23 是 7—8 月份各时段的估产模型,模型结果显示自 7 月中旬以后的估产模型均能通过 $\alpha = 0.05$ 的显著性检验,8 月份均能通过 $\alpha = 0.01$ 的显著性检验。因此从 7 月下旬开始,可对美国玉米进行动态遥感估产。

表 7.23 美国玉米估产模型

日期(月-日)	估产方程	R^2	$Sig. F$	$RMSE$
07-03	$y = 182.3578x + 26.146$	0.11	0.29	43.4
07-11	$y = 452.81x - 180.45$	0.41	0.025	72.6
07-19	$y = 477.45x - 207.22$	0.56	0.005	30.5
07-27	$y = 530.87x - 252.72$	0.72	0.0005	24.5
08-04	$y = 521.40x - 245.80$	0.82	0.00005	19.4
08-12	$y = 520.07x - 244.20$	0.86	0.000014	17.1
08-20	$y = 379.59x - 128.27$	0.82	0.00005	19.4
08-28	$y = 312.34x - 68.97$	0.74	0.0003	23.3
8 月三时段均值	$y = 487.98x - 216.27$	0.88	0.0000069	16.1

从表 7.23 可以看出,在各时段中 8 月 12 日(对应时间为 8 月 12 日—8 月 20 日)时段的 NDVI 估产模型 R^2 最大,P 值(即 $Sig. F$)和 $RMSE$ 最小,因此,模型预测效

果最好;而 8 月三时段 $NDVI$ 均值建立的模型预测效果达到最优。采用 8 月三时段 $NDVI$ 均值建模,对 2005—2016 年美国玉米估产进行逐一检验(预测年不参与建模),平均预测精度达到 97.3%(表 7.24)。

表 7.24 美国玉米估产检验

年份	2005	2006	2007	2008	2009	2010	2011	2012	2013	2014	2015	2016	平均
精度(%)	99.9	99.3	97.7	97.4	99.7	95.5	92.1	97.0	99.9	93.4	99.1	96.0	97.3

自 7 月对美国玉米进行动态估产,其预测结果和预报精度见表 7.25。表中数据表明,自 7 月开始,依据 MODIS 8 d 合成 NDVI 数据进行美国玉米动态预报,自中旬开始预报准确率普遍在 90% 以上,8 月中下旬预报准确率均在 97% 以上。采用 8 月上(8 月 4 日)、中(8 月 12 日)、下旬(8 月 20 日)3 个时段的 $NDVI$ 预报美国玉米最终产量,准确率为 96.5%,表现出较好的稳定性。

表 7.25 2017 年美国玉米动态估产结果及检验

日期(月-日)	07-03	07-11	07-19	07-27	08-04	08-12	08-20	8 月均值	2017 年真值
预测值 (蒲式耳·英亩$^{-1}$)	156.4	162.8	161.0	167.3	163.1	173.3	171.9	170.5	176.6
精度(%)	88.6	92.2	91.2	94.7	92.4	98.1	97.3	96.5	

作物产量预测的方法很多,除了上述几种方法以外,作物生长模型技术近年也被逐渐用于作物产量预报。与数理统计方法相比而言,作物生长模拟模型具备较强的机理性,可充分考虑作物生长过程中的气象条件、品种、土壤、施肥、灌溉等管理措施对作物物质和能量转化过程的影响,模拟作物生长发育过程和最终产量。作物模型方法主要有 3 类:① 直接法,直接利用作物模型模拟的穗干重,乘经济系数(当地籽粒重与穗干重之间的比例系数)得到当年产量预报值;② 作物产量动力-统计预报模型,利用作物模型模拟的干物质与作物产量的相关关系,建立作物产量预测模型;③ 相对百分比法,利用作物模型模拟当年作物生物量与前一年生物量的相对百分比,乘前一年实际产量,得到当年产量预报值。但由于作物生长模型涉及的参数较多,数据获取困难,且各种参数对空间尺度变化较为敏感,因此在全球尺度应用上存在较大困难,目前尚未采用。

参考文献

曹鑫,陈学泓,张委伟,等,2016.全球 30 m 空间分辨率耕地遥感制图研究[J].中国科学:地球科学,46(11):1426-1435.

巢纪平,2001.对"厄尔尼诺"、"拉尼娜"发展的新认识[J].中国科学院院刊(6):412-417.

陈斐,杨沈斌,申双和,等,2014.基于主成分回归法的长江中下游双季早稻相对气象产量模拟模型[J].中国农业气象,35(5):522-528.

陈怀亮,唐世浩,俄有浩,等,2016.农作物生长动态监测与定量评价[M].北京:气象出版社.

陈军,陈晋,廖安平,等,2014.全球 30 m 地表覆盖遥感制图的总体技术[J].测绘学报,43(6):551-557.

陈军,廖安平,陈晋,等,2017.全球 30 m 地表覆盖遥感数据产品——Globe Land30[J].地理信息世界,24(1):1-8.

陈沈斌,1998.种植业可持续发展的支持系统——农作物卫星遥感估产[J].地理科学进展(2):73-79.

陈述彭,赵英时,1990.遥感地学分析[M].北京:测绘出版社.

陈阳,范建容,郭芬芬,等,2011.条件植被指数在云南干旱监测中的应用[J].农业工程学报,27(5):231-236.

崔读昌,1994.世界农业气候与作物气候[M].杭州:浙江科学技术出版社.

邓国,王昂生,李世奎,等,2001.风险分析理论及方法在粮食生产中的应用初探[J].自然资源学报,16(3):221-226.

邓国,王昂生,周玉淑,等,2002a.中国省级粮食产量的风险区划研究[J].南京气象学院学报,25(3):373-379.

邓国,王昂生,周玉淑,等,2002b.粮食生产风险水平的概率分布计算方法[J].南京气象学院学报,25(4):481-488.

房世波,2011.分离趋势产量和气候产量的方法探讨[J].自然灾害学报,20(6):13-18.

郭铌,王小平,2015.遥感干旱应用技术进展及面临的技术问题与发展机遇[J].干旱气象,33(1):1-18.

韩衍欣,蒙继华,徐晋,2017.基于 NDVI 与物候修正的大豆长势评价方法[J].农业工程学报,33(2):177-182.

郝改瑞,李智录,李抗彬,2012.区域土壤含水率遥感监测分析方法研究进展[J].水利与建筑工程学报,10(4):139-144.

胡琼,吴文斌,项铭涛,等,2018.全球耕地利用格局时空变化分析[J].中国农业科学,51(6):1091-1105.

胡文英,罗永琴,2013.农业干旱遥感监测模型综述[J].云南地理环境研究,25(4):51-55.

黄健熙,黄海,马鸿元,等,2018.遥感与作物生长模型数据同化应用综述[J].农业工程学报,34

(21):144-156.

黄荣辉,1990.ENSO 及热带海-气相互作用动力学研究新进展[J].大气科学,14(2):234-241.

黄友昕,刘修国,沈永林,等,2015.农业干旱遥感监测指标及其适用性评价方法研究进展[J].农业工程学报,31(16):186-195.

江爱良,1990.农业气象和农业发展的战略研究[J].中国农业气象,11(1):1-4.

江东,王乃斌,杨小唤,等,2002.NDVI 曲线与农作物长势的时序互动规律[J].生态学报,22(2):247-252.

姜会飞,郑大玮,2008.世界气候与农业[M].北京:气象出版社.

李晓燕,翟盘茂,2000.ENSO 事件指数与指标研究[J].气象学报,58(1):102-109.

李秀英,2002.对厄尔尼诺和拉尼娜全球效应的再思考[J].忻州师范学院学报,18(5):76-79.

李颖,韦原原,刘荣花,等,2014.河南麦区一次高温低湿型干热风灾害的遥感监测[J].中国农业气象,35(5):593-599.

李郁竹,等,1993.冬小麦气象卫星遥感动态监测与估产[M].北京:气象出版社.

连涛,2015.厄尔尼诺基本类型的新解释[J].科学通报,60(19):1854.

刘诚,武胜利,张晔萍,等,2011.卫星遥感洪涝监测技术导则[M].北京:气象出版社.

刘海启,游炯,王飞,等,2018.欧盟国家农业遥感应用及其启示[J].中国农业资源与区划,39(8):280-287.

刘欢,刘荣高,刘世阳,2012.干旱遥感监测方法及其应用发展[J].地理信息科学学报,14(2):232-239.

刘屺岷,刘伯奇,任荣彩,等,2016.当前重大厄尔尼诺事件对我国春夏气候的影响[J].中国科学院院刊,31(2):241-250.

刘志明,张柏,晏明,等,2003.土壤水分与干旱遥感研究的进展与趋势[J].地球科学进展,18(4):576-583.

路京选,曲伟,付俊娥,2009.国内外干旱遥感监测技术发展动态综述[J].中国水利水电科学研究院学报,7(2):265-271.

骆高远,2000.我国对厄尔尼诺、拉尼娜研究综述[J].地理科学,20(3):264-269.

马晓群,陈晓艺,2005.农作物产量灾害损失评估业务化方法研究[J].气象,31(7):72-75.

蒙继华,2006.农作物长势遥感监测指标研究[D].北京:中国科学院遥感应用研究所.

蒙继华,杜鑫,张淼,等,2014.物候信息在大范围作物长势遥感监测中的应用[J].遥感技术与应用,29(2):278-285.

牛浩,陈盛伟,2015.山东省玉米气象产量分离方法的多重比较分析[J].山东农业科学,47(8):95-99.

裴志远,杨邦杰,1999.应用 NOAA 图像进行大范围洪涝灾害遥感监测的研究[J].农业工程学报,15(4):203-206.

裴志远,杨邦杰,2000.多时相归一化植被指数 NDVI 的时空特征提取与作物长势模型设计[J].农业工程学报,16(5):20-22.

钱永兰,侯英雨,延昊,等,2012.基于遥感的国外作物长势监测与产量趋势估计[J].农业工程学报,28(13):166-171.

钱永兰,毛留喜,周广胜,2016a.全球主要粮食作物产量变化及其气象灾害风险评估[J].农业工程学报,32(1):226-235.

钱永兰,吴门新,侯英雨,等,2016b.卫星遥感冬小麦长势监测图形产品制作规范[M].北京:气象出版社.

任宏利,孙丞虎,任福民,等,2017.厄尔尼诺/拉尼娜事件判别方法:GB/T 33666—2017[S].北京:中国标准出版社.

阮清廉,刘喜,江玲,等,2017.越南水稻生产概况及中越水稻生产互补性分析[J].杂交水稻,32(6):64-74.

宋炜,2011.遥感监测干旱的方法综述[J].中国西部科技,10(13):42-43,74.

孙灏,陈云浩,孙洪泉,2012.农业干旱遥感监测指数的比较及分类体系[J].农业工程学报,28(14):147-154.

谭宗琨,2011.甘蔗生产气象监测与评估[M].南宁:接力出版社.

王馥堂,1983.农业气象产量预报概述[J].气象科技(2):36-41.

王建林,宋迎波,杨霏云,等,2007.世界主要产粮区粮食产量业务预报方法研究[M].北京:气象出版社.

王俊霞,潘耀忠,朱秀芳,等,2019.土壤水分反演特征变量研究综述[J].土壤学报,56(1):23-35.

王利民,刘佳,唐鹏钦,等,2019.农作物长势遥感监测需求、系统框架及业务应用[J].中国农业信息,31(2):1-10.

王利民,刘佳,杨玲波,等,2018.农业干旱遥感监测的原理、方法与应用[J].中国农业信息,30(4):32-47.

王鹏新,孙威,2007.基于植被指数和地表温度的干旱监测方法的对比分析[J].北京师范大学学报(自然科学版),43(3):319-323.

王宗明,张柏,张树清,等,2005.松嫩平原农业气候生产潜力及自然资源利用率研究[J].中国农业气象,26(1):1-6.

魏丽,1996.气象卫星遥感在江西省区域性洪涝灾害动态监测中的研究及其应用[J].江西农业大学学报,18(4):442-445.

魏瑞江,宋迎波,王鑫,2009.基于气候适宜度的玉米产量动态预报方法[J].应用气象学报,20(5):622-627.

吴炳方,2000.全国农情监测与估产的运行化遥感方法[J].地理学报,55(1):25-35.

吴炳方,张峰,刘成林,等,2004.农作物长势综合遥感监测方法[J].遥感学报,8(6):498-514.

吴黎,张有智,解文欢,等,2014.土壤水分的遥感监测方法概述[J].国土资源遥感,26(2):19-26.

夏敬源,聂闯,2012.全球粮食与农业领域发展趋势[J].世界农业(9):12-13.

夏权,夏萍,陈黎卿,等,2015.基于多光谱遥感的土壤含水量定量监测与分析[J].安徽农业大学学报,42(3):439-443.

肖金香,穆彪,胡飞,2009.农业气象学[M].北京:高等教育出版社.

肖天贵,田明远,蔡卫东,1999.厄尔尼诺、拉尼娜对全球生态环境及中国1998夏季洪灾的影响[J].四川环境,18(3):63-69,72.

信乃诠,王立祥,1998.中国北方旱区农业[M].南京:江苏科学技术出版社.

徐冠华,柳钦火,陈良富,等,2016.遥感与中国可持续发展:机遇和挑战[J].遥感学报,20(5):679-688.

徐沛,张超,2015.土壤水分遥感反演研究进展[J].林业资源管理(4):151-160.

许淇,李启亮,张吴平,等,2019.风云卫星数据在中国农业监测中的应用进展[J].气象科技进展,9(5):32-36.

许世卫,信乃诠,2010.当代世界农业[M].北京:中国农业出版社.

杨邦杰,等,2005.农情遥感监测[M].北京:中国农业出版社.

杨邦杰,裴志远,1999.作物长势的定义与遥感监测[J].农业工程学报,15(3):214-218.

杨邦杰,裴志远,张松岭,2001.基于3S技术的国家级农情监测系统[J].农业工程学报,17(1):154-158.

叶涛,聂建亮,武宾霞,等,2012.基于产量统计模型的农作物保险定价研究进展[J].中国农业科学,45(12):2544-2550.

查燕,宋茜,卫炜,等,2017.基于NDVI时序数据的华北地区耕地物候参数时空变化特征[J].中国资源与区划,38(11):1-9.

翟光耀,杨国范,王玉成,2013.遥感干旱监测方法[J].农业科技与装备,227:42-46.

张金艳,李小泉,张镡,1999.全球粮食气象产量及其与降水量变化的关系[J].应用气象学报,10(3):3-7.

张丽娟,姚子艳,唐世浩,等,2017.20世纪80年代以来全球耕地变化的基本特征及空间格局[J].地理学报,72(7):1235-1247.

张丽文,黄敬峰,王秀珍,2014.气温遥感估算方法研究综述[J].自然资源学报,29(3):540-552.

张峭,王克,2011.我国农业自然灾害风险评估与区划[J].中国农业资源与区划,32(3):32-36.

张喜旺,陈云生,孟琪,等,2018.基于时间序列MODIS NDVI的农作物物候信息提取[J].中国农学通报,34(20):158-164.

张艳,唐世浩,王勇,等,2017.CG-LTDR卫星气候数据集及其在中亚地区的应用[J],沙漠与绿洲气象,11(2):21-26.

张玉书,冯锐,张淑杰,等,2006a.极轨卫星遥感监测 第2部分:干旱灾害:DB21/T 1455.2—2006[S].沈阳:辽宁省质量技术监督局.

张玉书,纪瑞鹏,陈鹏狮,等,2006b.极轨卫星遥感监测 第3部分:洪涝灾害:DB21/T 1455.3—2006[S].沈阳:辽宁省质量技术监督局.

章国材,2010.气象灾害风险评估与区划方法[M].北京:气象出版社.

赵广敏,李晓燕,李宝毅,2010.基于地表温度和植被指数特征空间的农业干旱遥感监测方法研究综述[J].水土保持研究,17(5):245-250.

赵俊芳,孔祥娜,姜月清,等,2019.基于高时空分辨率的气候变化对全球主要农区气候生产潜力的影响评估[J].生态环境学报,28(1):1-6.

赵英时,等,2013.遥感应用分析原理与方法(第二版)[M].北京:科学出版社.

周磊,武建军,张洁,2015.以遥感为基础的干旱监测方法研究进展[J].地理科学,35(5):630-635.

祝善友,张桂欣,2011.近地表气温遥感反演研究进展[J].地球科学进展,26(7):724-729.

ANDERSON W B, SEAGER R, BAETHGEN W,et al,2019. Synchronous crop failures and climate-forced production variability[J]. Science Advances, 5(7):1-9.

ANDRÉS F R, PODESTÁG P, MESSINA C D, et al, 2001. A linked-modeling framework to estimate maize production risk associated with ENSO-related climate variability in Argentina[J]. Agricultural and Forest Meteorology ,107(3):177-192.

BARNSTON A G, CHELLIAH M, GOLDENBERG S B, 1997. Documentation of a highly ENSO-related SST region in the equatorial Pacific[J]. Atmosphere-Ocean ,35(3): 367-383.

BHUVANESWARI K, GEETHALAKSHMI V, LAKSHMANAN A, et al, 2013. The impact of El Niño/southern oscillation on hydrology and rice productivity in the Cauvery Basin, India [J]. Weather and Climate Extremes, 2:39-47.

BORYAN C, YANG Z, MUELLER R, et al, 2011. Monitoring US agriculture: The US department of agriculture, national agricultural statistics service, cropland data layer program[J]. Geocarto International, 26(5): 341-358.

BROXTON P D, ZENG X, SULLA-MENASHE D, et al, 2014. A global land cover climatology using MODIS data[J]. J Appl Meteor Climatol, 53(6): 1593-1605.

CIRINO P, JOSÉ H, FÉRES G, et al, 2015. Assessing the impacts of ENSO-related weather effects on the Brazilian agriculture[J]. Procedia Economics and Finance, 24:146-155.

DENG X Z, HUANG J K, QIAO F B, et al, 2010. Impacts of El Nino-southern oscillation events on China's rice production[J]. Journal of Geographical Sciences,20(1):3-16.

ERIN G, ANYAMBA A, 2018. Midwest agriculture and ENSO: A comparison of AVHRR NDVI3g data and crop yields in the United States corn belt from 1982 to 2014[J]. International Journal of Applied Earth Observation and Geoinformation,68:180-188.

FAO, 2015. World programme for the census of agriculture 2020,Volume 1: Programme, concepts and definitions [EB/OL](2015)[2020-07-15]. Roma:68. http://www. fao. org/world-census-agriculture/wcarounds/wca2020/en/.

FAO, 2018. Brief Guidelines to the Global Information and Early Warning System's (GIEWS) [EB/OL](2018-08)[2020-07-15]. Earth Observation Website,Rome. http://www. fao. org/3/CA0941EN/ca0941en. pdf.

FRITZ S, SEE L, MCCALLUM I, BUN A, et al,2015. Mapping global cropland field size[J]. Global Change Biology, 21 (5): 1980-1992.

GABRIELA G N, MUIS S, VELDKAMP T E,et al, 2019. Achieving the reduction of disaster risk by better predicting impacts of El Niño and La Niña[J]. Progress in Disaster Science, 2:100022.

GITELSON A A, KOGAN F, ZAKARIN E, et al, 1998. Using AVHRR data for quantitive estimation of vegetation conditions: Calibration and validation[J]. Advances in Space Research, 22(5): 673-676.

GONG P, WANG J, YU L, et al,2013. Finer resolution observation and monitoring of global land cover: First mapping results with landsat TM and ETM+ data[J]. International Journal of Remote Sensing, 34 (7): 2607-2654.

HANSEN M, DEFRIES R, TOWNSHEND J R G, et al, 2000. Global land cover classification at 1 km resolution using a decision tree classifier[J]. International Journal of Remote Sensing, 21 (6-7): 1331-1364.

JAN N, 2019. El-Nino and La-Nina years and intensities[EB/OL](2019-12)[2020-07-15]. https://ggweather.com/enso/oni.htm.

KOGAN F N, 1995. Application of vegitation index and bright temperature for drought detection [J]. Advanced in Space Research, 15(11): 91-100.

KOGAN F N, 1998. Global drought and flood-watch from NOAA polar-orbiting satellites[J]. Advances in Space Research, 21(3): 477-480.

KOGAN F N, 2001. Operational space technology for global vegetation assessment[J]. Bulletin of the American Meteorological Society, 82(9): 1949-1964.

LI Y Y, ALEXANDRE S, OSCAR R, 2020. Assessment of El Niño and La Niña impacts on China: Enhancing the early warning system on food and agriculture[J]. Weather and Climate Extremes, 27: 100208.

LIETH H, WHITTAKER R H, 1975. Primary Productivity of The Biosphere[M]. Berlin Heidelberg: Springer: 251-300.

LIU H, GONG P, WANG J, et al, 2020. Annual dynamics of global land cover and its long-term changes from 1982 to 2015[J]. Earth Syst Sci Data, 12(2):1217-1243.

LOVELAND T, BROWN J, OHLEN D, et al, 2009. ISLSCP II IGBP DISCover and SiB Land Cover, 1992-1993. ORNL DAAC, Oak Ridge, Tennessee, USA. https://doi.org/10.3334/ORNLDAAC/930.

LU J Y, CARBONE G J, GAO P, 2017. Detrending crop yield data for spatial visualization of drought impacts in the United States, 1895-2014[J]. Agricultural and Forest Meteorology, 237-238: 196-208.

MONTEIRO L A, SENTELHAS P C, 2014. Potential and actual sugarcane yields in southern Brazil as a function of climate conditions and crop management[J]. Sugar Tech, 16(3): 264-276.

NAJAFI E, INDRANI P, KHANBILVARDI R, 2019. Climate drives variability and joint variability of global crop yields[J]. Science of the Total Environment, 662: 361-372.

PODESTÁ G, LETSON D, MESSINA C, et al, 2002. Use of ENSO-related climate information in agricultural decision making in Argentina: A pilot experience[J]. Agricultural Systems, 74 (3): 371-392.

POTAPOV P, HANSEN M C, KOMMAREDDY I, et al, 2020. Landsat analysis ready data for global land cover and land cover change mapping[J]. Remote Sensing, 12(3):426.

PRICE JOHN C, 1977. Thermal inertia mapping: A new view of the Earth[J]. Journal of Geophysical Research, 82(18):2582-2590.

QIAN Y L, YANG Z W, DI L P, et al, 2019. Crop growth condition assessment at county scale based on heat-sligned growth stages [J]. Remote Sensing, 11(20):2349.

QIAN Y L, ZHAO J F, ZHENG S C, et al, 2020. Risk assessment of the global crop loss in EN-SO events[J]. Physics and Chemistry of the Earth, 116:102845.

RAHMAN M S, DI L, SHRESTHA R,et al, 2016. Comparison of selected noise reduction techniques for MODIS daily NDVI: An empirical analysis on corn and soybean[C]. Tianjin:I the Fifth International Conference on Agro-Geoinformatics.

RAMANKUTTY N, EVAN A T, MONFREDA C, et al, 2008. Farming the planet: 1. Geographic distribution of global agricultural lands in the year 2000[J]. Global Biogeochemical Cycles, 22(1): 567-568.

RAMANKUTTY N, FOLEY J A, 1998. Characterizing patterns of global land use: An analysis of global croplands data[J]. Global Biogeochemical Cycles, 12(4): 667-685.

RAMANKUTTY N, FOLEY J A, 1999. Estimating historical changes in global land cover: Croplands from 1700 to 1992[J]. Global Biogeochemical Cycles, 13(4): 997-1027.

ROGÉRIO S, SENTELHAS P C, 2019. Soybean-maize off-season double crop system in Brazil as affected by El Niño southern oscillation phases[J]. Agricultural Systems, 173: 254-267.

ROYCE F S, FRAISSE C W, BAIGORRIA G A, 2011. ENSO classification indices and summer crop yields in the southeastern USA[J]. Agricultural and Forest Meteorology, 151(7): 817-826.

SMITH K, PETLEY D N, 1991. Environmental Hazards-assessing Risk and Reducing Disaster [M]. first edition. London and New York: Routledge.

TAYLER A S, TIAN D, MIAO R Q, 2019. Spatiotemporal patterns of maize and winter wheat yields in the United States: Predictability and impact from climate oscillations[J]. Agricultural and Forest Meteorology, 275: 208-222.

TOSHICHIKA I, LUO J J, CHALLINOR A J,et al, 2014. Impacts of El Nino southern oscillation on the global yields of major crops[J]. Nature Communications, 5: 3712.

WESTON A, SEAGER R, BAETHGEN W, et al, 2017. Crop production variability in north and south America forced by life-cycles of the El Niño southern oscillation[J]. Agricultural and Forest Meteorology, 239: 151-165.

WILLY V,2020. Growth and production of sugarcane[EB/OL][2020-07-15]. Soils, Plant growth and crop production-Vol. Ⅱ. http:// www. eolss. net/Sample-Chapters/C10/E1-05A-22-00. pdf.

YE T, NIE J L, WANG J, et al, 2015. Performance of detrending models of crop yield risk assessment: Evaluation on real and hypothetical yield data[J]. Stoch Environ Res Risk Assess, 29: 109-117.

YU L, WANG J, GONG P,2013. Improving 30 m global land-cover map FROM-GLC with time series MODIS and auxiliary data sets: A segmentation-based approach[J]. International Journal of Remote Sensing, 34 (16):5851-5867.

ZHANG T Y, ZHU J, YANG X G, et al, 2008. Correlation changes between rice yields in north and northwest China and ENSO from 1960 to 2004[J]. Agricultural and forest meteorology, 148(6-7):1021-1033.